身心·修行

淡定

荡涤你的灵魂
强大你的内心

牧 原◎著

台海出版社

图书在版编目（CIP）数据

淡定 / 牧原著. —北京：台海出版社，2018. 4（2024. 3 重印）

ISBN 978 - 7 - 5168 - 1800 - 8

Ⅰ. ①淡… Ⅱ. ①牧… Ⅲ. ①人生哲学 - 通俗读物

Ⅳ. ①B821 - 49

中国版本图书馆 CIP 数据核字(2018)第 053734 号

淡　定

著　　者：牧　原

责任编辑：高惠娟　贾凤华　　装帧设计：天下书装

版式设计：天下书装　　责任印制：蔡　旭

出版发行：台海出版社

地　　址：北京市东城区景山东街 20 号　邮政编码：100009

电　　话：010 - 64041652(发行,邮购)

传　　真：010 - 84045799(总编室)

网　　址：www. taimeng. org. cn/thcbs/default. htm

E - mail：thcbs@ 126. com

经　　销：全国各地新华书店

印　　刷：三河市天润建兴印务有限公司

本书如有破损、缺页、装订错误,请与本社联系调换

开　　本：880mm × 1230mm　　1/32

字　　数：170 千字　　印　　张：8. 5

版　　次：2018 年 4 月第 1 版　　印　　次：2024 年 3 月第 4 次印刷

书　　号：ISBN 978 - 7 - 5168 - 1800 - 8

定　　价：38. 00 元

前　言

现代人经常感到心累，内心深处总是渴望一种淡定的幸福。所谓淡定，是一种抛开浮华和名利纷争，回归内心的简单和宁静的感觉。明代吕坤说：“天地万物之理，皆始于从容，而卒于急促。”又说：“事从容则有余味，人从容则有余年。”他所说的“从容”其实就是淡定。

淡定就是“宠辱不惊，静观堂前花开花落；去留无意，漫看天边云卷云舒”的一种人生境界，是一种简单的幸福。

一个内心淡定的人，总能平静地面对世事变迁。得之淡然，失之坦然；面对成败，他们宠辱不惊、处之泰然。

一个人内心淡定，便能坦然地面对生活的种种不如意。面对梦想与现实的距离，淡定的人永远不会怨天尤人、自暴自弃，在最不如意的日子里，内心淡定的人也能从荆棘上找到幸福的花朵。淡定的人享受当下，懂得取舍，不计较。

一个内心淡定的人，对人生始终抱有希望，他们看似在生活中时时退让，却是真正的内心强大的人，因为没有任何风雨能够让他们恐惧，没有任何事能够激怒他们，没有什么闲言碎语能够干扰他们，便没有什么能够真正打败他们。

寒山禅师问拾得禅师："世间有人谤我、欺我、辱我、笑我、轻我、贱我、骗我，如何处置乎？"拾得禅师回答说："忍他、让他、避他、由他、耐他、敬他、不要理他，再过几年你且看他。"这就是淡定。

面对这个纷杂喧嚣、物欲横流的社会，要幸福，就要学会淡定。唯有淡定，才能让你的内心安静下来，才能细细品味生活的万千滋味。有这样一则故事：

一个下雨天，路人左奔右逃，寻找避雨的地方，雨下得很大，没有及时找到避雨之处的人身上很快就淋湿了。只有一个人，不仅不避雨，反而很悠闲地走着，引来路人奇怪的目光，有人问："不快跑呀，衣服都湿了。"那人这样回答："不着急，前面也下着雨呢！左右都得淋雨，索性顺路看看雨景。"人们都笑话他是个傻子，他却依然雨中漫步。

既然终免不了被淋湿的命运，倒不如索性看开，顺便洗个冷水澡，看看雨景，也不错。淡定的人永远知道自己需要什么，不需要什么，什么样的幸福更合适自己。他们知道自己需要什么样的爱情，需要什么样的婚姻，需要什么样的家庭，需要什么样的事业。他们从不追求不属于自己的额外的欲望。一旦选择，他们就会安心地守护着自己的这些幸福。如果不幸失去，他们也会恬淡地一笑，重整旗鼓，从头再来。

淡定的人，日子过得平平淡淡，顺其自然，随遇而安。闲暇时，随意捧一本书，享受着一份宁静和寂寞，守一颗淡泊之心，拥一份淡然之美。

目 录

MU LU

第一章　不是世界太喧嚣，而是你的心太吵

第二章　淡定的人生最幸福

第三章 停止不必要的追逐，让心回归宁静

第四章 淡定的人生不抱怨

第五章　看淡得失，心灵才会找到归宿

第六章　人生苦短，有什么不可以放下

第七章　不计较，快乐不是拥有的多

第八章　宽心：心大了，事情就小了

第九章　不要在爱的执着中迷失自我

第十章　守护生命中似淡实浓的真情

第十一章　淡定不是看破红尘，而是看透人生后依然热爱生活

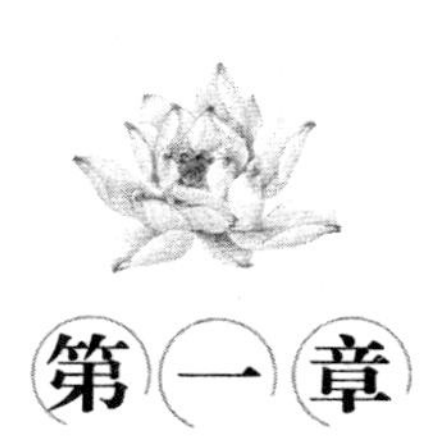

第一章

不是世界太喧嚣，而是你的心太吵

“忙”和“累”是现代人用得最多的两个字。这是时代的原因造成的，并不是人本身的问题。从物质的极度缺乏到物质过剩，我们却发现自身的生存状况更加糟糕，工作越来越忙，钱却越来越不够花。于是，我们只能加倍地忙，希望加倍地赚钱。用什么办法才能摆脱这个欲罢不能的陷阱呢？欲望是无穷的，如果不能减少过多的欲望，我们的心就无法宁静下来。

1. 你不是活得累，而是心累

人累了，就休息，心累了，就淡定。

“累死了”——这三个字是现代人常挂在嘴边的口头禅。朋友偶尔打个电话，吃个饭，说得最多的不是忙就是累。没钱的为钱累，有钱的为赚更多的钱累。没钱的说，你有那么多钱了，两辈子都花不完，还成天忙什么呢？有钱人说，不忙哪行啊，公司上上下下我哪件事不得操心啊。员工下班了我还在加班，能不累吗？

没错，经过多年的拼杀，你终于在职场上杀出一条血路，开出一片自己的天地。每天，你开着宝马，穿着名牌，衣着光鲜地走进写字间。你习惯了用“飞”这个字来表达你的忙碌。“我明天要飞往美国”“我后天要飞向澳洲”……在别人眼里，你很风光，是个成功人士。但只有你自己知道，你每天有多累，经常头疼失眠，腰肌劳损、精神抑郁……你不敢停下来，一停下来，你好不容易拼杀出来的战场就要拱手让给别人。

小北毕业于北京名校，是个人人称羡的高薪白领，但最近她经常嚷着要休长假，甚至打算放弃优越的工作，重新定位自己的人生。她觉得生活老在简单地重复，没什么新鲜感，没有意义。

刚刚休假归来的小月坦承，蓄势待发的工作热情只维持了一两天，没过多久就又陷入了休假前的倦怠，对工作没有一点热情，按说，目前的工作对她来说轻车熟路，得心应手，不应该那么快就倦怠，但是休假没几天，她又想休假了。

像小北和小月这样的职场人士大有人在，甚至可以说是现代职场人的普通状态。他们也不知道是怎么了，就是感到浑身乏力，对什么事都提不起兴趣。虽然每天被惯性催着忙忙碌碌，但心里却非常厌烦，一点也不快乐，希望能够摆脱这种状态，但又无从摆脱。其实，这些都是心累的表现。

心累，说白了，就是心理上有负重感，即心理上有压力，有这样那样的压力。带着压力生活，不仅工作和生活受到影响，身体也倍受摧残。北京一家市民体质监测指导中心曾对近 500 人进行了一组体质监测，监测数据表明，约 80%的被监测者的体质年龄大于实际生理年龄。在一家 IT 公司任高管的张芸由于工作过于紧张，老是觉得身体疲劳、乏力，一检查，心肺功能、平衡感、柔韧度、耐力、爆发力、敏捷度等 7 个方面的指标功能全部下降，身体年龄比实际年龄大了整整 8 岁。

据统计，现代社会死亡率最高的不是穷困潦倒的人，而是30岁到50岁的都市白领。

英语中有一句谚语，叫作“压垮骆驼的最后一根稻草”。一根稻草，没有什么分量。可是如果你把稻草一根一根地往骆驼的背上码，终有一根稻草会把骆驼压垮的。一点压力就好比一根稻草，一根稻草看上去很不起眼，但方方面面的压力集中起来，天长日久就会超出人的承受极限，到了一定的时间，达到一定的“疲劳点”，就会引发疾病。事实上，压力已经成为现代人的隐形杀手。

再壮的骆驼也会被稻草压垮，再强悍的白领，也有顶不住的时候。婚恋、房子、职场竞争，在现代人面前构筑起一道道难以攻克的墙。很久以来，人们普遍认为，人的疲劳一般是由于超负荷的体力劳动或脑力劳动引起的，不过，心理学家们经过长期研究发现，正常工作一般不会导致人疲劳，人的疲劳大部分都是缘于“心累”，即不健康的心理情绪导致的，忧虑、紧张、烦恼等负面情绪才是导致疲劳的真正原因。身体累了，睡一觉、休息几天就能恢复，但心累该怎么办呢？心累不是放几天假、多睡几觉就能调节好的。心累了，就要从心理上进行调节。

心累一般表现为情绪低落，心烦意乱，记忆力减退，注意力涣散，缺乏旺盛精力，易疲劳，做事力不从心，甚至会出现头晕、头疼、失眠、食欲不佳等症状，严重的会导致身体抵抗力下降，从而导致多种疾病，比如，严重的会引发心脏病、高血压、胃溃疡、糖尿病、胃癌等多种慢性消耗性疾病。

在各种压力之下，是人都会有心累的时候。偶尔、短暂的心理疲劳并不可怕，只要适当地放松就能够及时调节。怕就怕长期地处于心累状态中而无法摆脱。所以，不要让自己总是埋头于大量的工作中，不要让自己总是处于紧张的人事应酬中，要学会合理地安排时间，适当地将休息与运动相结合，保持有规律的生活。无论工作多忙，也要保证每天有足够的睡眠时间，以缓解一天工作的疲劳；要有规律地适当地进行一些体育锻炼，如爬山、游泳、打球等，以提高自身的免疫力，保持强健的体格，从而游刃有余地面对和应付复杂而枯燥的工作。

2. 再累，也要学会忙里偷闲

人生好比一场旅行，匆忙的脚步会让我们错过美丽的风景。不论你有多忙，都不要忘记在适当的时候停下来，欣赏路边的风景。学会忙里偷闲的人才能享受淡定的生活。很多成功者都懂得如何忙里偷闲，无论有多忙碌，他们都能找到喝一杯茶的时间，听一首音乐的情趣。

现代社会，每个人都要承受一定的压力，有压力不怕，关键是，我们要适时地停下来，以缓解紧张的神经、疲劳的身体，为自己减压。减压的主要方式就是休息。不管有多忙，都要让自己暂时停下来，让自己忙里偷个闲。

第二次世界大战期间，丘吉尔和蒙哥马利在一次闲谈时，说到健康这个话题。蒙哥马利说："我不喝酒，不抽烟，每天晚上 10 点钟准时睡觉，所以我现在还是百分之百的健康。"

丘吉尔却说："我正好和你相反，既抽烟，又喝酒，而且从来不准时睡觉，但我现在却是百分之二百的健康。"

听起来，丘吉尔这是在故意唱反调。不过，事实上，丘吉尔并没有说谎，虽然他的工作很繁忙，但身体却非常健康。即使在战事最紧张的时候，每到周末，丘吉尔都会雷打不动地去游泳。在选举白热化时期，他还坚持每天去钓鱼。

这就是丘吉尔百分之二百健康的原因，懂得忙里偷闲，懂得享受生活，懂得让自己在紧张中也有放松和休息，从而保持了身体和心态的双重健康。

休闲，对现代人来说，确实很奢侈。即便你想停下来，这个世界也不容你停下。你必须跟着别人拼命地跑，甚至要努力跑在别人前面，不然，你就将被工作淘汰，这样的话光是听一听就觉得可怕。可是，不管有多忙，都不要忘记忙里偷闲。忙，有利于创造生活；闲，有利于调剂生活。

有一个企业的老总来到医生这里，诉说自己最近身体状况非常糟糕。医生看着他疲惫不堪的样子说："你应该好好休息"。老总说："你让我干什么都行，就是不能休息呀。""为什么呢？"医生很奇怪。

"你知道吗？公司里等着我处理的文件就是不吃饭不睡

觉也做不完。我每天都要提着重重的文件袋子回家。有时候批到天快亮了才能去睡一会儿。你让我休息，这怎么可能呢?"

医生问："难道那些文件非得你来处理吗？你可以请一个助手来帮你。你可以交给别人来处理啊。"

"不，只有我才知道怎样处理它们。现在的年轻人做事，可没几个靠谱的。"

"好吧，我不强求你休息。但是，每个月，只抽出半天时间来休息，你能做到吗?"

"半天？好吧，我想我能做到。"

"那好吧，你用这半天时间，到墓地去走一走，"

"什么？为什么要在墓地走上半天呢?"病人莫名其妙地问道。

"我想让你看一看，那些与世长辞的人，他们曾经也和你一样，认为地球少了他不行。直到他们累死后，才真正闲下来，有时间吹吹墓园的风，享受温暖的阳光，春天看花朵在枝头绽放，秋天看枯叶纷落。可惜，在他们活着的时候，没有看到。我想，照你这样操劳下去，很快就可以和他们一样了。"

病人沉默了一会儿说："我想我明白了。"

在公司倒闭和身体健康两个选项中，你选择哪一个？我想，乐观的人永远选择后者，因为留得青山在，不怕没柴烧。舍本求末，是蠢人才干的事情。

如果工作已经剥夺了你的健康和生活的乐趣，你就要停下来想一想，自己这样拼命有意义吗？是否还有更好的方法来减轻工作的负担？

你可以去追求更大的房子，更酷的跑车，更大的名牌，但是，如果欲望已经让你感到筋疲力尽，占据了你所有的生活空间，你就应该检讨自己的内心了。不要说自己真的很忙，挤不出一点时间。有必要的话，不妨把工作放一放，无论它们有多重要。试想，你在学校读书时，是否在紧张的复习阶段还偷偷地跑出去踢足球、约心爱的女孩子去看电影？因为你极度想体验那种乐趣的欲望使你想尽一切办法也要挤出时间来，哪怕因此挨老师批评也在所不惜。

古人云："一张一弛，乃文武之道。"人生也应该有张有弛，忙中有闲。人生就像琴弦，太松了，弹不出优美的乐曲，太紧了，容易断，只有松紧合适，才能奏出舒缓优雅的乐章。

3. 该吃饭时吃饭，该睡觉时睡觉

做任何事情，都有一个相对合理的时间，就像人体的生物钟一样。对我们而言，该工作的时候工作，该休息的时候休息，该吃饭的时候吃饭。这样，不仅有利于提高效率，而且还有利于我们的身心健康。

是不是经常忙得连吃饭睡觉的时间都没有了？如果在忙

着工作时到了吃饭时间，你停下来，给自己一个小时出去吃饭，后果会怎样呢？你会说，后果就是工作完不成。真的会这样吗。想一想，为什么你总是能在上司规定的最后一天完成工作呢？那是因为，无形的压力让你必须在最后的时间将工作截止。如果现在有一个客户来访，你必须去机场接他，然后请他吃饭，而你手头的工作也必须如期完成，你又要怎样安排你的工作？也许，你会想，我下午吃完饭还有两个小时，我还可以继续完成它。原来，当我们认为自己忙得没时间吃饭和睡觉时，往往不是因为我们忙，而是因为我们认为吃饭和睡觉不如工作重要。

吃饭的时候担心股票会下跌，睡觉的时候担心房价会上涨。休息时放不下工作，工作时又常常希望能停下来休息。结果该吃饭时我们在谈工作，该工作时却抱着方便面干嚼。该睡觉时没睡觉，该工作时却打起了盹儿……

李红这一天可以说是“诸事不顺”：上班路上遇到塞车，满头大汗地踩着点儿来到公司，复印文件时手指被复印纸割了个口子，把原始文件都弄上了血迹，不得不找领导重新签字。工作刚进入状态，学校老师又打来电话，说孩子有点发烧。她打电话给老公，让他去学校带孩子看病，老公却说自己实在一点时间也没有，她急忙打电话给孩子的小姨。结果，一上午，她都心神不定，客户的电话响个不停，刚停下来，她又急忙打电话，询问孩子的病情……下班了急着回家，却发现自己地铁坐过了站……

她实在是压力太大了，像一支随时都准备射出去的箭，身体里像有一根弦一直紧绷着，一会儿是工作，一会儿是家庭，一个麻烦接着一个麻烦，一个问题叠着另一个问题。

这不，回到家，看到孩子活蹦乱跳的，她的心才放下来。不过，马上，她就合计起来：明天公司还有一个报告，今晚要加加班搞完，明天下午有个不太想见的外地客户要来，晚上还得请他吃饭，明天他要是不走怎么办？过两天要出差，得带些什么东西？……

李红是现代职场人的一个真实写照。该吃饭时不吃饭，该睡觉时不睡觉，难道工作真的那么忙吗？如果李红当天请假亲自送孩子去医院，公司会因为没有她在而方寸大乱吗？如果你中午的时候不是嚼着饼干加班，你真的会在下午完不成工作吗？也许，忙，是现代人自己给自己加的一道枷锁；忙，在现代人看来，是一把安全锁。忙，我才会保持在公司里的重要位置；忙，才会保证高薪的工作职位不被人取代；忙，才会让我有车有房，才会让我有面子，让家人幸福……如果有一天，你不忙了，你会心慌，是不是我不够努力？如果我少吃一顿饭，少睡一会儿觉，是不是成绩会更好？

怎样才能不忙？该工作时就工作，该休闲时就休闲，就是解决忙碌状态的最好办法。

其实，只要合理地分配好时间，妥善地处理好工作与生活、忙碌与休闲之间的关系，你就会减轻压力而不是承受压力。而且，你还会感受到生活竞争之外的惬意，这种惬意不是单纯享乐，不是消磨时光，而是积蓄力量，为更好地去工作而积蓄无限的活力。

4. 学会修剪你的野心

恰到好处的野心可以让人斗志昂扬，但如果一个人不懂得如何控制野心，就会陷入欲望的泥潭，越往里面走，陷得就越深，以致无法自拔。控制野心很简单，就是经常修剪它们。

有一个男人，在一家公司任部门经理，年薪过百万，在北京五环外有一套住房。在很多人眼中，他已经是小有成就。但他自己却成天唉声叹气的。每次和朋友们在一起聚会时，他都在不停地抱怨，抱怨自己的职务低，才华被埋没了；收入少，和同学们相比混得太差；房子不在市区内等等。一次，他喝酒时认识的朋友帮他介绍了一笔买卖，说能够让他大赚一笔，谁料却是一个骗局，他成了一起刑事案件的主犯。职位丢了不说，还卖了房子作为赔偿，并面临着 5 年的牢狱之灾。

这个男人明明日子过得不错，也许，再努力几年，赚个更大的房子也不是不可能的，即使赚不到，日子过得也算不错了，何苦为自己没有的那些天天唉声叹气？想方设法也要得到，仿佛得到了，他就解脱了，开心了。事实呢？事实是，他得到了更大的房子，还会为自己没有别墅而郁闷；他当了总经理，还会为自己不是总裁而郁闷。人不知足当然并不是什么坏事，有更高的追求也没什么错，但因为欲念难填而不开心，不幸福，就太不划算了。

在曼谷的西郊有一座寺院，索提那克法师是寺院的新住持。索提那克法师发现寺院的山坡上到处生长着杂乱而青翠的灌木。为了让它们看起来美丽一些，索提那克找来一把剪子，有时间就去修剪灌木。半年过去了，一些灌木被修剪成一个半球形状。

有一天，寺院来了一个有钱人。有钱人向法师请教了一个问题："人怎样才能清除掉自己的欲望？"索提那克法师微微一笑，折身进内室拿来剪子，让客人跟着自己来到寺院外的山坡上，然后指着那些修剪好的灌木说道："只要经常像我这样，反复修剪一棵树，你的欲望就会消除。"

有钱人疑惑地接过剪子，走向一丛灌木，咔嚓咔嚓地剪了起来。过了一会儿，法师问他感觉如何。他说："身体倒是轻松了许多，心里也不像先前那样烦躁了，但脑子里那些欲望好像还在，并没有消除。"

索提那克法师笑着说："你以后要经常来这里修剪，过一阵子就好了。"

这个人就经常到寺院里修剪灌木。三个月后，一只展翅欲飞的雄鹰已经初具形状了。这时，法师来到有钱人身后，问他："你懂得如何消除欲望了吗？"

有钱人面带愧色地回答说："每次在修剪的时候，我觉得我心里的欲望已经没有了，可是，一旦回到家里，回到我的生意圈子里，所有欲望又全部冒出来了。法师，你说，这是怎么回事？是不是我太愚钝了？"索提那克法师笑而不言。

当这只鹰完全成型之后，有钱人还是没能摆脱欲望的枷锁。他甚至怀疑法师的办法根本不灵。法师笑了，说："你知道我当初为什么建议你来修剪灌木吗？我不知道你注意到没有，你每次修剪前，原来剪去的部分，又会重新长出来。就像我们的欲望，你别指望完全消除它们。你所能做的，就是尽量去修剪它。放任欲望，它就会疯长，如果你能经常修剪它，反而会成为一道悦目的风景。"

每个人都会有欲望，一个欲望刚刚消失掉，新的欲望就又会浮上心头。甚至可以说，产生欲望是人的本能，如果人没有欲望，每天确实不需要那么忙碌，但人生的乐趣就会减少很多。但是，如果欲望太多，不但对人一点好处也没有，反而会成为枷锁，让我们疲惫不堪。甚至，有很多欲望难以达成的人，会因为急功近利做出一些不理智的事情来。

定期清理你的欲望，甚至当欲望来到时，你不妨将它暂时放一放，看过一段时间，你是否还对它念念不忘。比如当你看中一件价值不菲的衣服时，不要急于将它买下来，再过几天，你会发现，你已经没有了当初那样强烈的购买冲动。当你有了超出自己能力的欲望时，不妨问问自己，我真的需要那些欲望吗？

5. 舍弃浮躁，人生才能淡定如水

浮躁是一种现代病。浮躁产生的原因是由于人对自己的人生信念不明晰，对自己的需求不了解，所以，尽管整日忙忙忙碌碌，还是感到无所适从。要克服浮躁，只有一个办法，那就是沉下心做事情。如果你的梦想是成为钢琴大师，那么，每天就泡一杯茶或咖啡，打开你的钢琴，用心按动琴键吧。用你所能使用的一切时间，哪怕只是5分钟、10分钟。

心浮气躁是现代人的通病。具体表现为：做事情三心二意，浅尝辄止；东一榔头西一棒槌，妄想鱼和熊掌兼得；这山望着那山高，熊瞎子掰棒子，掰一个扔一个；耐不住寂寞，稍有不顺就轻易放弃；急功近利，恨不得一锹掘出一眼井，一口吃成个胖子，当结果事与愿违时，就会焦躁不安，怨天尤人……现代人的这些浮躁的毛病，或轻或重地存在于每一个人身上。人一浮躁，就会终日处在烦躁忙碌的状态中，长期下去，人容易变得脾气暴躁，神经紧张。浮躁还会使我们缺乏幸福感，缺少快乐，太过于计较得失。如果不能够有效地克服它们，会影响到我们生活的质量和工作的成就。

这世上有很多聪明但浮躁的人，浮躁的人在短时间内或许可以取得一点成绩，但是，却很难成就大业。

《了凡四训》里面有一个故事。一个秀才认为自己的文章写得不错，却没有考中进士，便发牢骚说："考官眼睛瞎了，不识货！"一个道士在一旁听了，便说："你的文章一定不好！"秀才很不服气："你又没有看到我的文章，凭什么说我文章不好？"道士说："看你心浮气躁的样子，怎能写得出好文章？"

当局者迷。旁观者清，道士一语惊醒了秀才，秀才从此沉下心去读书，再也不自负了。

一个忙碌了半生的中年男人诉说自己的苦闷："眼看着别人房子、车子、票子都有了，我辛苦了半辈子，什么都没有，像我这种年纪又大，又没有技术的人，一辈子就这样完了。"

为什么半辈子却连门手艺都没学到？我们可以平凡，生活可以平淡，但一个人平凡到连门手艺都没学到，是谁的错？试问，有多少年轻人浮躁到了连门过硬的手艺都不想学就想发大财的地步？一个读了很多年书的研究生，抱怨说自己的收入不及农民工，这样的人就是读到博士也不会有太高的成就，因为他太过于浮躁了，不问自己做了什么事，取得了什么成就，只一味算计自己的收入。我想，这样的人如果有捷径让他不需要读书就能发财的话，他连半本书都懒得读下去。

显微镜是 19 世纪最伟大的发明之一。但你知道吗，显微镜的发明者只是荷兰西部一个小镇上的门卫。为了打发时间，他试着用水晶石磨放大镜片。磨一副镜片需要几个月的时间。他不断地尝试以提高放大倍数。60 年后，他磨出了可以放大 300 倍的镜片。人们第一次在镜片下看见了细菌。他的名字叫万·列文虎克。

科学家研究发现，人经过差不多一万个小时的练习才能熟练掌握一门技艺。也就是说，莫扎特练习了一万个小时才成为音乐大师，比尔·盖茨练习了一万个小时才成为编程高手。

当然，作为普通人，并不建议大家都像列文虎克那样去用60年做一件事情，因为每个人都有自己的生活方式。但是现代人的生活节奏很快，压力也很大，这种情况下，建议忙碌的你能够每天喝喝茶，养养花，看看云，读读书，而不是在生活的路上疲于奔命。我们要学会享受当下，这也是不浮躁的一种表现。浮躁的人往往焦虑于当下的失败，而忽略了生活的质量和快乐。他们用一些损人利己的手段去赢得金钱、车子和房子，在追逐名利的过程中，心灵慢慢被尘埃遮盖，他们不再有淡定的人生，只有浮躁和不安的灵魂。

淡定而不浮躁的人，即使生活赐予他的是苦难与失败，他也仍然能够从容面对。泰国商人施利华，是商界拥有亿万资产的富豪。1997年爆发的金融危机使他破产了。这时，他只说了一句："好哇！又可以从头再来了！"他从容地走进街头小贩的行列叫卖三明治。一年后，他东山再起。

自古以来，真正建大功、立大业的人，都是心定身安的人。我们在生活、工作和学习中，愈是艰难愈要有耐心，一定不能够浮躁，浮躁一定坏事，不能成就。就像流水那样，遇到阻挡就绕过去，绕不过去，便积蓄水量，漫溢过去，能力有限时，如小溪水淙淙不绝，能力大时，便汇成江。只有摒弃浮躁心态，人生才能淡定如水。

6. 简单点，减法生活最精彩

“简单生活”不是放弃优越的生活条件，不是放弃别墅和汽车，更不是清心寡欲，过着苦行僧式的生活。简单生活不过是提倡我们放慢生活的脚步，放慢生活的节奏，找回我们的天然速度。

“忙”已经成为现代人的一个常态，此忙而导致的空虚、烦躁、抑郁这等说不清、理还乱的负面情绪时时困扰着我们。要如何才能彻底摆脱这种“越忙越空虚、赚得越多人越不快乐”的穷忙状态呢？要不忙，当然就只有一个办法，那就是放下工作，彻底放松。我们拼命工作，是因为我们想赚更多的钱，我们想赚更多的钱是因为无休止的消费欲望。所以，要摆脱穷，就要减少消费，少买几件名牌，就可以少工作两个小时。于是，都市“简单族”应运而生。“简单生活”成为当下时尚人士最流行的生活理念，他们不再以金钱多寡衡量生活质量，而是以自由、平和的精神状态悠闲地生活。

过简单生活，说白了，就是学会做人生的减法。

王珞丹是减法生活的践行者和代言人。几年前，还是电影学院学生的她曾野心勃勃。为了尽快让自己“红”起来，她疯狂地拍戏，接广告、拍 MV、配音、主持，什么活儿都接。她还计划在北京郊区买个大别墅，买一辆最喜欢的奔驰SLK敞篷跑车……为了满足这些欲望，她拼命地攒钱，看着存折上面的数字步步高涨，她觉得好开心。

为了拓展人脉、拉关系，她穿梭于各种聚会和晚宴，结交各界名流。甚至，有时她一个晚上穿梭于好几个聚会，到一个地方喝杯酒，寒暄几句，再转战另一个地方。

这样毫无节制的忙碌，造成的直接后果就是她根本就不能闲着，一旦闲下来就会心里发慌，坐也不是站也不是，总有一种祸事要发生的感觉。有时莫名其妙地想哭，想找个人说说话。可拿出厚厚的3大本名片簿，将近千把人，她却发现没有一个人是可以深谈的。更可怕的是，她开始失眠，狂瘦，皮肤粗糙，经常一阵一阵心跳加快。聪明的她知道自己这样子不是身体上的病，而是心理上的。她找朋友诉说自己的苦恼。请朋友为自己找一个靠谱的心理医生。朋友说她患上了现代人的通病：无休止的欲望产生了焦虑症。朋友送给她一句话："物质生活要求越低，精神生活就越主动。"

为了让自己尽快摆脱痛苦的局面，她把别墅、奔驰跑车这些令她疲于奔命的欲望都暂时放到了一边，衣服和化妆品等生活所需也一应从简，尝试自己在家里做饭，用蜂蜜、鸡蛋DIY面膜。

她把3大本厚厚的名片簿全扔了，她不再逢戏便接。而是学会取舍，遇到好的角色，即使片酬低一些，也去演，不好的角色，宁可在家里歇着。她把节省出来的时间用来陪伴家人，孝敬父母，带父母去旅行，看着父母满足的样子，她感到非常幸福。

减法生活让王珞丹的生活变得轻松、轻盈、健康、快乐。她拥有婴儿般的睡眠，每天一沾枕头就睡着。没有压力，她脸上的五官都舒展开了，再加上睡眠好，她几乎不用任何保养品。在事业上，因为心静了，闲了，她可以更好地体味、雕琢和贴近角色，刻画的人物生动而有质感，她的职业空间不仅没有因为减少拍戏而缩小，反而更广阔了。

王珞丹说："用减法过生活，把那些不必要的欲望和忙碌减掉，让生活空出缝隙才能呼吸，呼吸自如的生活才是最时尚、最丰富的生活。"

做好人生的"减法"，是一种智慧。如果我们只是做生命的收集者，就像女孩子的衣柜，就算买下整个商场的衣服，其实自己最喜欢的也不过是其中几件。一味只进不出的衣柜会慢慢装满一辈子都穿不到的垃圾。我们的人生也是一样，你这一辈子，真正想做、能做的就是那几件事，如果你想一把抓住所有，就会分散你的精力，哪一件都只做了一点点，哪一件都没有做好。还会顾此失彼，倒不如把精力放在最重要的几件事情上，充分享受做事的快乐，享受生活的快乐。人生最重要的事无外乎工作和生活。只要将工作和生活时间分配好，你会发现，工作不再是苦役，生活也不再枯燥。

7. 心慢下来，行动才能快起来

约翰·列侬曾经说过：“当我们正在为生活疲于奔命的时候，生活已经离我们而去。”忙碌似乎已经成了现代人无法摆脱的魔咒。“慢生活族”应运而生，他们主张人应该适当放慢脚步，慢慢吃、慢慢走、慢慢看、慢慢睡、慢慢思考、慢慢爱……

随着商业经济的快速发展，现代人的生活节奏越来越快，忙碌、躁动使我们心力交瘁。我们牺牲了宝贵的健康和悠闲的生活，换来的是物质的过度消费和心灵的空虚。如何寻求一种更加健康的生活方式，一直是困扰着现代人的难题。随着“慢生活”的倡导，使身处“快时代”中的我们看见了幸福生活的希望。

“慢生活”的理念主要倡导人们应该让生活节奏慢下来，回归简单生活。遵守劳逸结合的健康的生活原则，消除人们以消费为享受生活的错误观念，以享受人生的安宁时光为导向，使人们从浮躁的生活中回归宁静自然，获得心灵上的自由。比如，从健康角度讲，一天的时间中，人的工作、生活、睡眠三者应各占约 8 小时，不能偏颇。只要偏离这个生命最基本的规律，就必然要用健康来偿还，人人都不例外。所以，慢生活第一要倡导的就是，停下来，充分享受生活的休闲时刻和睡眠时间。

2007 年，意大利人布鲁诺·贡蒂贾尼创建了“世界慢生活日”，极力向人们推销“慢生活”理念。贡蒂贾尼之所以创建“世界慢生活日”，是因为他曾真真切切地体会了快生活给自己带来的灾难性后果。

10 多年前，贡蒂贾尼在意大利电信集团工作。虽然他的事业蒸蒸日上，收入节节攀升，但他的工作压力也日益增大。疲惫、焦虑、忙碌成了他的人生常态，在升任电信集团公关部经理后，贡蒂贾尼更加忙碌了，他牺牲了和家人一起共享天伦的幸福时光，几乎把所有的时间都用在了工作和应酬上。

有一天，疲劳至极的贡蒂贾尼在完成了一个重要项目后，打算休息几天，并利用这个机会，带着家人一起去海边度假。很久没有游泳的他，来到海边就立刻跳进向往已久的大海，和家人一起在离海岸不远的水中打闹嬉戏。或许是太长时间没有运动了，贡蒂贾尼入水后一会儿就突然栽倒在海里，头撞到了岩石上，差点儿丧命。幸亏救生员及时赶到救起他。

痛定思痛，贡蒂贾尼意识到自己必须做一些改变了，他的生活必须慢下来。从此，贡蒂贾尼不再那么玩命工作，他尝试着把更多的时间和精力放到家庭生活中，每天与家人一起悠闲地用餐、运动、旅游。虽然减少工作确实让贡蒂贾尼的业绩有所下降，但他相信，与健康的身体和幸福的家庭生活相比，少赚一点钱实在不算什么。

如今，闲适的“慢生活”越来越成为人们追求和向往的生活方式。当然，在公平竞争、能者得之的现代社会，“慢生活”并非绝对地放慢速度或停止不前，而是倡导人们用积极、自信、健康的态度轻松应对生活，放松心情、不慌不忙、有条不紊地进行工作和生活。正如“慢生活家”卡尔·霍诺所说，“慢生活”并不是支持懒惰，放慢速度也不是故意拖延时间，而是让人们在生活中找到平衡。

80多岁高龄的金庸先生曾说：“我的性子很缓慢，不着急，做什么事情都徐徐缓缓的，但最后也都做好了。人不能老是紧张，要有张有弛，有快有慢，这样对健康很有好处。”金庸先生奉行的，不正是现代人所向往的“慢生活”吗？

提到“慢生活”，在这里不得不提慢人族。慢人族认为，慢生活应该做到以下几个方面：

慢餐饮：“慢生活”支持者们反对快餐，认为人应该在轻松的环境中吃精心烹制出来的食物，吃饭时不接听电话，不查看信息。意大利的“慢人族”喜欢每天花两个小时来吃午餐；法国的“慢人”们更是每天三顿饭都精雕细琢，法式大餐该有的程序一个都不能少；很多美国人还在自家院子里种菜，从头到尾地享受食物带来的乐趣……

习惯了快餐的上班族们要恢复“慢餐”习惯并不容易。上班在公司楼下买一杯豆浆一根油条的你，最好从今天早上起能够每天为自己煎一个鸡蛋、调制一杯新鲜果汁。不要再一边咬着面包，一边加班了。无论工作多忙，都要停下来，用上最少半个小时的时间，慢慢咀嚼你的食物。

慢工作：现代工作节奏是“慢”的大敌，但随着网络的兴起，越来越多的人开始在家办公，以节省上下班挤公交、塞车等浪费的时间。在法国，有3%的企管人员在家办公。集中精力处理完一件事再处理下一件事，而不是在不同的事之间周旋，这也是减少工作忙碌的好办法。

慢运动：“慢人族”认为，强度大的运动偶尔为之尚可，长期的大强度运动反而不利于身体的健康，最健康的运动方式应该是慢的，“慢人族”一般选择太极拳、瑜伽或者“超慢”的举重等。

慢睡眠：慢人族提倡8小时充足睡眠。无论你有什么理由，都不应该放弃8小时睡眠的原则。早睡早起，是慢人族保持充沛精力的秘诀。

“慢生活”是一种积极、健康的生活方式，现代人既要工作，又要保证有质量有休闲的生活，就要让自己慢下来，只有慢下来，才会真正做到“工作再忙心不忙，生活再累心不累”。放慢节奏，也许会损失金钱，但会丰富生命。

第二章

淡定的人生最幸福

经常听到有人这样抱怨："幸福为什么不肯眷顾我？为什么别人看起来都过得很好，就我偏偏这么衰？"其实，如果你换个角度，多看看那些比你更不幸的人，你会发现，自己有多么幸福。你再留意一下，看看在你身边那些喜欢抱怨的人，也许，他正住着别墅，开着宝马，看上去似乎幸福得毫无挑剔，可他们依然满腹牢骚。而一些在生活中处处碰壁，屡屡遭遇不幸的人，却在用微笑告诉别人他们有多么幸福……淡定的人不是没有无奈，只是看淡了一切痛苦，固守着自己所拥有的幸福，自在地生活。

1. 幸福不是等你有钱了才会来

幸福只与我们自己的心有关，不要以为幸福等于金钱，不要以为幸福就是香车宝马、功名利禄，不要以为幸福就是随心所欲，要什么有什么，更不要以为有钱了幸福就会来到你身边。如果你因为没有钱而感到不幸福，那么有钱的你同样不会幸福。

科学家们发现，幸福与金钱之间有个临界线，在临界线之前，金钱和快乐是成正比的，钱越多幸福指数越高；而过了临界线，金钱和快乐是成反比的。享受生活，未必要等你挣够了100万。幸福诚然需要一定的经济条件作为基础，但并不代表越有钱越幸福，很多有钱人并不幸福。一般而言，月收入5000元的人要比月收入1000元的人快乐，而月收入5000万元的人却不一定比月收入1000万元的人快乐。其实，不管有钱没钱，我们的每一天都可以过得有滋有味。甚至，只要你愿意，即使身上只有一元钱，你也会比千万富翁更幸福。

有的人一生拼命挣钱，以为赚够了钱就能买到幸福。天天从早忙到晚疲于奔命，可是，钱却好像永远都不够买到你想要的幸福，这时你若叫他停下来，他又想：我再努力一下，赚一把大的，幸福或许就来了呢？也有的人似乎明白了，既然想要的幸福永远不会属于自己，抓不住幸福就抓住钱吧！这是很多人失去幸福后的正常反应。

有个勤俭而吝啬的男人省吃俭用，直到晚年才攒下了100万美元。他觉得自己积累的财富已经足够多了，便决定从这些储蓄中拿出一小部分，买一间大房子，让自己安度晚年。可是，他的计划还没有付诸行动，他就到上帝那里去报到了。

他见到了上帝，上帝虽然很伟大，但我们最不想见的人就是上帝！这个人也是如此。男人希望上帝能够多给他一些时间，至少，让他在那间大屋子里住上一天也好。于是，他贿赂上帝说："如果你能让我再多活3天，我愿意献出我所有财产的三分之一。"上帝说："3天时间太长了，如果人人都可以用金钱来购买生命，那生命就太不值钱了。"

男人说："好吧，我愿意用我所有的积蓄换一天的生命。"上帝还是摇了摇头，再多的金钱也买不来一天的生命，因为生命实在太宝贵了。

最后，男人只好无奈地说："那么，请给我一分钟的时间吧！让我给后人留句话。"上帝同意了。

他留下来的话是："生命是最宝贵的，再多的财富也买不来一天的生命。"

不管有多少钱，如果不懂得在有生之年去享受它，再多的钱也没有任何意义，或者说，活着，就是最大的幸福。活一天，就要享受一天的幸福。

为什么我们要把幸福寄希望于钱财呢？因为我们总是把幸福跟"钱"和"闲"联系在一起，有钱又不用上班，不用忙碌的日子，人才可以随心所欲地做自己想做的事情，这就是大部分人眼中最幸福的事。可是这一天来到时，我们往往会发现，自己已经人到晚年，生命所剩不多了，又因为在年轻时劳累过度，老来疾病找上门。这时候，我们才会悔恨年轻时没有早早享受，老了，有钱也有闲了，却吃不动了，玩不动了……再有钱，也买不回生命，买不回健康，于是，有些老年人经常会后悔地说："如果可以，我宁愿用所有的积蓄买一个健康的身体，只要能够每天在院子里散散步，吹吹风，那是多么幸福的事呀！"

房子，车子，票子，这些东西和我们的健康比起来，简直一文不值。

如果你每天醒来，发现自己还手脚健全地活着，应该告诉自己说，哇，我好富有，我好幸福。当你起来照镜子时，发现自己很年轻，很漂亮，你觉得你的人生还有什么不如意的呢？当你早上起来，在属于自己的床上伸个懒腰；你梳洗完毕，爱人已经为你准备好了早餐，妈妈在你耳边唠叨，孩子在你身边玩闹，这一切，幸福吗？

岂止幸福，简直幸福得要死了。但，事实真是这样吗？

不，你会因为早餐不合口味而发脾气，你会因为妈妈说话不中听而生气，你会因为孩子太吵，产生了想打他的冲动？当你因为这一切感到自己不够幸福时，不妨设想一下，如果上帝要把你现在所拥有的健康、房子、工作、家人全部收回的话，会怎么样？多想想这样的场景，你就会知道，自己是多么的富有。

人群中，你总觉得自己生命卑微，低人一等，有种比别人穷的感觉，别人吃肉你喝粥，别人开车你挤公交，别人坐飞机你都是挤火车。可是，你知道吗，每个人包括天桥上的乞丐，都至少拥有“500 万”，那就是一副健康的身体，这是多少钱都买不到的。海明威在飞机失事、死里逃生后读到关于自己的讣告时说：“一个人有生就有死，但只要你活着，就要以最好的方式活下去。”

活着，就要珍惜活着的每一天，不要说“等我有了钱将如何如何”之类的话，你的幸福，跟金钱无关，与任何物质与非物质的东西都无关。只要你活着，就是幸福。没有什么东西能与活着相比，没有什么东西能比“幸福”本身更重要。如果你觉得有钱才有幸福，那你可能永远得不到幸福。这就像你认为的，有了钱才可以买到生命一样，是很荒谬的。

2. 幸福不在别处，就在你的心里

每一个人都是幸福的，只是我们常常以为自己的幸福是在别处，于是，我们到处去寻找它。直到失去的时候，我们才惊觉，幸福原来不在别处，就在自己的身边，幸福，原本就藏在我们的心里。

我们经常用来与幸福搭配的动词是“追求”，有很多人一辈子都在“追”“求”着幸福，可是，幸福偏偏在和我们藏猫猫。小时候你以为长大了，工作了，有钱了，你就可以买到你喜欢的东西了，而不是向爸爸妈妈哭着喊着讨要；长大了，工作了，小时候想要的东西你再也不想买了，你又有了新的追求。哦，名牌、名车、洋房？能得到这一切，我就会有自己的幸福了。于是，你辞职，下海，经商，终于得到了这一切。但你还不满足，和别人相比，你有的这点东西实在算不了什么。看那些有钱人，哪个身边不是美女如云？糟糠之妻怎么看和自己也不搭配，如果能够与一位美丽的女子共度人生，那一定很幸福。可是，等结了婚你才发现，生活不总是浪漫，那些美女也和凡人一样，除了一副面皮，实在好不到哪里去。你们又开始为如何分配财产打得乌烟瘴气……其实，幸福不在于你得到了什么，幸福是你对生活的感受状态，感受的好与坏，就在一念间，因为幸福就藏在自己的心里。

一位女士去看心理医生，因为她整日茶饭不思，夜夜失眠，身体消瘦得厉害，但是各种检查显示她的身体一切正常，没有什么疾病。心理医生看她情绪不好，知道这些都是心理抑郁的症状。于是，问她："你是不是觉得生活很痛苦？"

这位女士像遇到了知音一样，开始喋喋不休地向心理医生诉说自己的种种苦恼，其实都是一些鸡毛蒜皮的家庭琐事，比如对门的邻居见面没主动和她打招呼，真是没礼貌；楼上的邻居每天晚上总是走来走去，发出很大的声响，真是没素质；一个本来关系不错的同事居然在背后说自己的坏话；老板总是说要给自己加薪，可总是没动静……她说生活真是没有意思，处处都不顺心。

心理医生边听她说边记，等她说完，又问她："老公对你好吗？"

女士脸上有了笑容，说："老公很疼爱我，我们结婚6年了，他从来没有对我说过一句重话。"

心理医生微笑着点点头又问："那你有孩子吗？"一说到儿子，女人满脸笑容："我儿子今年4岁了，聪明活泼。"

"你看，你明明还有这么多开心的事，老公、孩子才是你最重要的，你难道一直没有发现吗？生活不是十全十美的，不能因为有一点不如意，就彻底否定了你的幸福啊！"

明明幸福就在自己的身边，可是我们偏偏把我们这一生最得意的东西给忘了，忽略了。明明有爱自己的老公，却和邻居的不礼貌较劲，明明有可爱的孩子，却和公司的同事较劲。我们总以为，如果我们不顺心的事情解决了，我们就幸福了。我们遇到不开心时，不妨让自己做几道选择题。比如，一位女士认为自己的孩子学习成绩不好，每天逼着孩子学习，但孩子成绩就是上不去，她觉得自己非常不开心。有一天，孩子的一句话令她彻悟。孩子说："如昊我死了，你是不是就不再为我的学习成绩感到痛苦了？"这位妈妈突然想到，假如自己真的把孩子逼死了，怎么办？只要孩子健康、快乐，学习成绩有那么重要吗？这样一想，这个妈妈每天都觉得很幸福。

在浮躁的现代社会中，我们习惯把幸福具体化、物质化，我们打着"追求幸福"的幌子去追求财富，追求完美的爱情，追求成功。其实，幸福不在别处，幸福源自内心，它不是神赐予的，也不是邻居、同事、上司给予的，更不会被任何人抢走。幸福与不幸福只在于自己发现与没发现它的存在。

3. 幸福不在过去，也不在未来

艾佛烈德·德索萨曾经说过："去爱吧，像从来没有受过伤一样；跳舞吧，像没有人欣赏一样；唱歌吧，像没有任何人聆听一样；工作吧，像不需要钱一样；生活吧，像今天是末日一样。"艾佛烈德·德索萨意在告诉我们，幸福不在过去，也不在未来，而在当下。

17 世纪法国科学家兼思想家巴斯葛在他的《沉思者》一文中说："我们向来不曾把握现在；不是沉湎于过去，就是殷盼着未来；不是拼命设法抓住已经如风的往事，就是觉得时光的脚步太慢，拼命设法使未来早点到来。我们实在太傻，竟然留恋于并不属于我们的时光，而忽视唯一真正属于我们的此刻。"此刻，就是当下。佛经里将"当下"视为最小的时间单位——1 分钟有 60 秒，1 秒钟有 60 个刹那，1 刹那有 60 个当下。当把时间切到很小的单位时，当下就是永恒。

幸福不在明天，也不在昨天，而在当下。也许，今天，我们只能取得百分之一的幸福，但只要抓住这小小的百分之一，忽略那百分之九十九的不如意，就能获得百分之百的幸福感受。反之，如果你拥有了别人眼中那百分之九十九的幸福，却只计较于百分之一的缺憾，你的幸福感也只能是零。

如果你手中端的是一杯酒，就享受酒的醇香；如果你手中端的是一杯茶，就享受茶的清香；如果你手中只有一杯水，就品尝水的清淡。这就是你当下的幸福。

我们总是寄希望于未来。试问，谁能担保，今天不笑的人，明天就一定还能笑得出来？人生只有一次，幸福的时间也是有限的，幸福来临时，我们不去好好珍惜它，那么就将错过它。

美国有一位老妇人，在她 54 岁那年，丈夫因病去世。这已经是人生不可承受之痛，没想到更大的打击接连而至。

先是子女为遗产问题闹得不可开交，接着是丈夫生前经营的那家加油站宣告破产。她不得不卖掉房产和所有值钱的家当来抵偿债务。

她从年轻时就依靠丈夫生活，一直都顺风顺水，头上连半点雨滴都不曾淋到过。现在所有的人生不幸都一起找上门来，由她一人承担。想到如今已经一无所有，而自己也即将步入老年，她不知道余生将如何度过。一想到贫穷、寂寞的余生，她就更加痛苦，整日以泪洗面。最后，她生了病，不得不住进医院。

医生了解了她的情况后，对她说："你的病情很严重，需要住院。"

"不，我没有钱住院。"

医生可怜她，和她商量，她的病并不影响工作，所以，她可以一边在医院做清洁工，一边进行治疗。

从这一天开始，她成了病房的清洁人员。有了事情做，她心里反而好过一些，反正已经这样子了，大不了就是等死吧，想太多也没用。每天，她看着病人来了又走，走了又来，不断地有病人在痛苦的煎熬中离开人世。她猛然惊醒，比起这些即将死去和已经死去的人，还有什么比活着更好呢？自己才 54 岁，还能活很久，还可以工作……

她做了 3 年清洁工，对病人的心理了如指掌，于是医院重金聘请她给病人做心理辅导。她 76 岁时，已经拥有这家医院 51% 的股份了。在她的办公室的墙上有这么一句话："昨天的痛已经承受过了，还有必要反复兑现吗？明天的痛，尚未到来，有必要提前结算吗？”

过去是记忆，未来是想象，真正的、真实的幸福是现在。明天是否幸福那是明天的事，今天有诸多的不如意，那也不妨碍你享受当下。

试想一下，如果明天你就要死掉，或死于一场地震，或死于一场车祸。那你今天会怎么办？尽量把自己置身于死亡的情境中，不要给自己任何侥幸，也不要说，哦，这只是一个想象。闭上眼睛好好想一想。想想近几年发生的几次天灾，想象自己就是其中一个蒙难者，你希望在临死前如何度过这最后一天？你还会为昨天错过的一段恋情而难过，因为银行存款的数字位数太少而忧心吗？

是的，只有把每一天当作生命的最后一天来过，你才会珍惜每一天中的每一分、每一秒，你才会善待自己和身边的每一个人。

我们都不相信自己会马上死掉，以为还有大把的时间。可是，死神说来就来，很少能和你预约。死神来临的时候，我们往往连后悔的时间都没有。不管我们在生前是富有还是贫穷，是开心还是痛苦，死掉的时候，什么都带不走，什么感觉都不再有。“人活着，钱却没了；人死了，钱却没花完”，哪个更让人郁闷？有人说前者，因为人死了什么感觉也没有了，说不上痛苦或不痛苦。有人说是后者，因为替死者想，辛苦一辈子，舍不得吃，舍不得穿，人死了钱就只是一堆废纸。其实，有没有钱，花没花完都不是问题，把钱和幸福等同起来才是最大的问题。

有没有钱，都没有关系，钱花没花完，也没有关系，关键是，在你死前的那一分钟、一秒钟里，你是快乐的、幸福的。

4. 幸福的真谛就是要懂得满足

知足是一种境界，知足的人总是微笑着面对生活。在知足者的眼里，一切过分的纷争和索取都显得多余，在他们的天平上，没有比知足更容易求得心理平衡了。不管遇到什么困难和困扰，他们都会为自己寻找合适的台阶，而绝不会庸人自扰。

俄国文豪契诃夫曾说过："要是火柴在你的衣袋里燃起来了，那你应当高兴，多亏你的衣袋不是火药库。要是有穷亲戚上别墅来找你，那你不要脸色发白，而要喜洋洋地叫道：'挺好，幸亏来的不是警察！'要是你的手指头扎了一根刺，那你应当高兴，幸亏这根刺不是扎在眼睛里……"幸福的真谛就是要懂得满足。

作家史铁生曾写道：

生病的经验是一步步懂得满足。发烧了，才知道不发烧的日子多么清爽。咳嗽了，才体会到不咳嗽的嗓子多么安详。刚坐上轮椅时，我老想，不能直立行走岂不把人的特点搞丢了？便觉天昏地暗，等又生出褥疮，一连数日只能歪七扭八地躺着，才看见端坐的日子其实多么晴朗。后来又患尿毒症，经常昏昏然不能思想，就更加怀恋起往日时光。终于醒悟：其实每时每刻我们都是幸运的，任何灾难前面都可能再加上一个“更”字。

只有失去过的人，才能有这样的体验，才能知道，健康有多么幸福，活着有多么幸运。可是，现代人却常常忽略自己所有的一切，反而因为自己住的房子没有别人的大而感到不知足，因为自己的衣服不是名牌感到不平衡，因为自己赚得不够多而感到不开心。

一对贫穷的老夫妻，决定将家里的一匹马拉到集市上卖掉，换一点生活用品。于是，老头子便牵着马去赶集了，他将马换了一头母牛，这样他和老婆子就有牛奶喝了。后来，他看到羊，觉得喝羊奶还可以剪羊毛也不错，就用母牛换下这只羊。后来，他又看到卖鹅的，想着鹅蛋比羊奶更有用，便用羊换了一只鹅。接着又用鹅换了一只母鸡，最后又用母鸡换了一袋烂苹果……

当他扛着袋子来到一家小酒店歇脚时，遇上了两个商人。在闲聊中，老人谈到了自己赶集的收获，两个商人听后哈哈大笑，他们一致肯定地认为，老头子回到家准得挨老婆子的一顿数落。可老头子却十分坚定地认为绝对不会发生这种事情。商人就与他打赌，如果他回家没有被老婆责罚，就送给他一袋金币。于是，三个人一起回到老头子家中。

老太婆见老头子回来了，非常高兴。“老头子，今天收获一定很多吧！快告诉我，你都买回什么东西了！”于是，老头兴奋地讲述自己这一天的“奇遇”。每当听到老头讲到用一种东西换了另一种东西时，她竟十分激动地予以肯定：“哦，我们有牛奶了!”“羊奶也同样好喝!”“哦，感恩节我们有肥鹅吃了!”“哦，我们有鸡蛋吃了!”诸如此类。最后听到老头子背回一袋已开始腐烂的苹果时，她大声说：“我们今晚就可以吃到苹果酱了!”说完，不由地搂起老头子，深情地吻着他的额头……当然，他们还得到了商人的一袋子金币。

你看，原来，快乐的心也能生出金子。快乐就是我们最大的财富，为一头牛、一只羊，或者一只鸡、一堆烂苹果而伤神，实在是不值得的事情。更何况，一头牛虽然换回了一堆苹果，但苹果可以做成苹果酱，一样有香甜的滋味。生活要幸福，其实很简单，知足就好，有一颗知足的心就能拥有幸福的生活。

秦朝有个叫李斯的人，权倾一时，后来新皇帝要削掉他的势力，将他处以腰斩之刑。临刑时，他才感慨，人生最美的事，原来竟是在老家时，带着猎狗，领着儿子在城门外追猎野兔的日子。幸福是多么简单，不过是需要一点点知足而已。

当然，我说知足，并不是要求我们从此安贫乐道，每个人都有自己的追求，知足并非就是要我们放弃追求，安于现状，而是对自己的现状保持淡定心态。有钱了，日子还是一日三餐，不得意，不眼皮朝下，目空一切。没钱了，也还是一日三餐，不为五斗米折腰。

5. 完美是上帝给你设下的美丽陷阱

世界上从来没有完美的人，也没有完美的艺术品和完美的结局。人生必然是有缺憾的。我们可以无限接近完美，却不能苛求完美。尽自己最大努力，能把事情做到七分好就做七分，能做到九分好就做九分。不要因为不完美而烦恼。

有人说，完美是上帝进化人类的诱饵，它是永远让人眺望而无法达到的目标。所以，完美只存在于人的想象中。幸福不是“完美主义”，追求十全十美，会使自己陷入自己设计的人生牢笼里不能自拔，也许幸福感就在人们那不能实现的“幸福”追求中慢慢消失了。

2004 年的法国网球公开赛上，女选手维纳斯·威廉姆斯取得了 17 场连胜的骄人战绩。她对记者发表胜利感言：“我还不够努力。有时候，我获胜心切；有时候，我求胜心又不够强。有时候，我不遵从教练指导；有时候，我不服从自己的安排。我讨厌在任何事情上出错，不仅是球场上。”

从这段话可以看出，维纳斯·威廉姆斯是一个完美主义者。凡事追求完美是她赢得这场比赛的一个重要因素。但我们可以想象威廉姆斯在说这番话的时候，她真的开心吗？也许，那时，她正在为自己的成功而感到骄傲，为打败对手，赢得全世界的注目而感到得意。可是，我们没有从这段话中捕捉到一点幸福的信息。追求完美让威廉姆斯成功，但也让她时时处在面对失败的恐惧中，因为完美主义者不容许自己有丝毫错误和失败，一旦失败，他们就会焦躁、恐惧，感觉全世界的人都在轻视自己，嘲笑自己。虽然追求完美才是威廉姆斯达成目标的动力，但为什么不是以“追求比赛的快乐”为动力，为什么不是以“我喜欢网球这项运动”为动力，为什么不是以“我喜欢挑战的过程，而不是结果”为动力呢？这些动力仍然会帮助我们达成目标，也会让我们更加快乐。

完美主义者太在意每一个细节上的完美，只要有一个细节做得不够好，他们就会对自己的工作失望，甚至毁掉自己的作品。有一个女孩喜欢写作，可是经常因为一个不够完美的开头、一段中间稍嫌生硬的段落而扔掉一打稿纸。她一直告诉自己：“等我 30 岁时一定能写出完美的作品！”“等我 60 岁时一定会写出完美的小说！”事实上，她可能永远写不出来，但她可以写出 80 分的作品，90 分的作品。其实，完美主义者常常因为期望太高反而变成懒惰主义者。

完美主义者往往为了一个缺口而否定已经取得的成绩，就如一个美女因为脸上长了一个雀斑就彻底否定了自己的美丽一样，不是很荒唐、很可笑吗？在那些看起来好像“什么都拥有”但却不幸福的人身上，经常可以看到这种情况。每个人都有追求完美的自由，但是，过度追求完美，即便做得非常出色，还是会因为一点小瑕疵而如刺在喉，或者为此感到不安。

有人曾经问一位走红的国际女影星是否觉得自己长得很完美，她说："不，我长得并不完美。我觉得正因为长相上的某些缺陷才让观众更能接受我。"接受不完美的自己，接受不完美的生活，甚至喜欢自己的小缺点，这样的人，才会感到真正的幸福。有这样一个童话故事：

一个圆不小心丢了一个小碎片，边缘有了一个小小的豁口。它要找回一个完整的自己，于是便踏上了找寻碎片的路途。因为它不够圆，所以滚动得非常慢，它一边滚一边欣赏沿途美丽的鲜花，和路上的虫子们聊天，向小鸟们问好，在阳光的怀抱中尽情呼吸。终于，它找到了自己的碎片，变回了一个完美的圆。然而，作为一个完美无缺的圆，它滚动得太快了，以至于看不清路边的花草，来不及和虫子、小鸟们打招呼，甚至也不能停下来享受片刻的阳光。

原来，有缺憾的人生才是幸福的，于是，圆扔掉了历尽千辛万苦才找回的碎片。又变回有缺口的圆，这时，它又看见了鲜花，又能和小虫子、小鸟们聊天了。阳光暖暖地照耀着它，它感到幸福极了。

圆的故事告诉我们：正是不完美，才令我们更幸福。不幸失去行走能力的史铁生，在轮椅上获得了写作的灵感，写下了《我与地坛》等不朽之作。完美不是上天用来捕捉你的错误的陷阱，有瑕疵，并不代表你就是不幸福的人。

如果你不能接受生命的不完美，你也就没有资格获得完美的人生。因为"完美"本身就包含"缺陷""错误""否定""失败"等这些不完美的字眼儿。只有接受生命的不完美，为生命能继续运转而心存感激，才能成就“完美”的生活。

6. 适合自己的生活的才是最幸福的

怎样生活才是最幸福的生活？答案很简单，只要是最适合自己的，便是最好的、最幸福的。你羡慕别人的财富，别人也许正在羡慕你的悠闲。你羡慕别人的妻子美丽如花，他也许正在羡慕你们的如胶似漆。不必羡慕别人的美丽花园，你自有你的田园。

许多时候，我们往往对自己的幸福熟视无睹，却羡慕着别人的幸福，在你羡慕别人的时候，别人也正用羡慕的目光看着你。其实，在这个世界上，每个人都有属于自己的位置，有自己的生活方式，有属于自己的幸福，安心享受自己的生活，享受自己的幸福，才是快乐之道。

有一个女孩，高考失利没能考上大学，被安排在村小学教书。几天后，因为家长反映她讲不清数学题，只好走下讲台，离开学校。这是村子里唯一最体面的工作，她连到手的机会都失去，像自己这么笨的人还能干成什么事？她难过得直哭。妈妈为她擦干眼泪，安慰她说，满肚子的东西，有人倒得出来，有人倒不出来，没有必要为这个伤心，也许有更适合你的事等着你去做。

女孩只好跟着伙伴南下打工。先后做过纺织工、市场管理员、会计，但都因为能力不济而没能坚持下去。女孩每次沮丧地回家，母亲总是安慰她，没关系，你只是没找到自己的位置。30 岁时，她凭一点语言天赋，做了聋哑学校的辅导员。后来，她又开办了一家残障学校。再后来，她在许多城市开办了残障人用品连锁店，这时的她，已是一位拥有几千万资产的老板了。

我相信你，总有一天会出息的。母亲笑着说。她有些怀疑地说，我觉得这都是因为我运气好，我失败了那么多次，干什么都不行，要不是运气好，哪里会有今天。母亲却说，你不过是找到了适合自己的那片天地。

生活中，我们在选择专业、工作、生活方式的时候都会面对这样一个问题——什么是最好的呢？其实，这个世界上根本就没有最好的，只要找到了最适合你的，就是找到了最好的。适合自己的生活才是最幸福的。

李同大学毕业就开了一家家政服务公司，几年后，公司已经初见规模。可是，令大家不解的是，才貌俱佳、经济实力雄厚的他，却找了一个长相普通的女孩。但李同说，现在的妻子很适合自己，自己过得很幸福。李同说，结婚前，自己把所有的心思都扑在工作上，饿了就随便泡碗方便面吃，时间一长，得了严重的胃病。自从认识妻子后，妻子每天都针对他的身体情况给他调理，不到一年，他的胃病就被控制住了。李同说：“我是一个工作起来就忘了一切的人，只有像妻子这样的女人，才适合我。不像以前交过的一个女朋友，天天不到下班电话就催过来了，不是要我陪她逛街，就是说哪里新开了餐馆，让我带她去吃。这让我不胜其烦。现在的妻子虽然不是最好的，但却是最适合我的。”

每个人都有自己的缺点和优点，有的人粗心，有的人细心，有的人喜欢做家务，有的人不喜欢，有的人喜欢吃甜的，有的喜欢吃辣的，有的人喜欢工作，有的人喜欢游玩。有的人好动，有的人好静。我们必须明白自己是什么样的人，哪种伴侣最适合自己，哪种工作最适合自己的特长，哪种生活方式更适合自己的个性。弄明白了这些，即使你选择的不是最好的，但也一定是最适合自己的。

7. 用感恩的心触摸幸福

如果我们时时能用感恩的心来看待这个世界，就会觉得这个世界充满爱，充满幸福。我们生活在这个世界上，哪怕是路边的一棵小草，也是值得我们感恩的，因为它们覆盖大地，参与着光合作用；甚至给我们一点赏心悦目的绿色，也是值得我们感恩的。我们应该感恩所有，包括一草一木。

一位哲人说：“世界上最大的悲剧和不幸就是一个人大言不惭地说：‘没有人给过我任何东西。’”只要你还活在这个世界上，就意味着你正在享受很多人提供给你的服务。如果你身体健康，没有疾病，饿的时候有食物吃，渴的时候有水喝，困的时候有床睡觉，冷的时候有衣服可以穿，你几乎就没有任何可抱怨的借口，因为你已经是一个非常幸福的人了。如果你仍然认为自己一无所有，或者不够幸福，那就是因为你没有学会感恩。

在一次学术报告会上，一位女记者问霍金："霍金先生，卢伽雷氏症已将你永远固定在轮椅上，你不认为命运让你失去了太多吗?"大家想一想，霍金会怎样回答呢?

"我的手还能活动；我的大脑还能思维；我有终生追求的理想；我有爱我和我爱着的亲人与朋友；对了，我还有一颗感恩的心……"

霍金用自己仅有的一根还能活动的手指，在键盘上敲下了这段话。

这也正是霍金能够以高度残疾的身体创造世界科学奇迹的原因。感恩的心，让他不再以怨恨的心看待世界，不再以自怜的眼睛看待自己，而是在感恩中汲取力量，从而战胜身体极限，获得了伟大的成就。

生活给予每个人的都不会太少，只要你好好珍惜其中的一二，并不断用心血去打造，你就能拥有生命的芬芳，你就能拥有骄人的成绩，你就能拥有幸福的生活。

想想看，与霍金相比，我们拥有的实在太多了。生活中，值得我们感恩的实在是太多了。可是，偏偏正是那些拥有得太多的人，抱怨最多，感恩最少。

感恩节这一天，一个小男孩早早就醒了，但他没有起床——他不愿惊醒疲倦的父母。其实，男孩的父母早就醒了，只是，一贫如洗的他们已经没有能力在这个早上为孩子准备任何的节日礼物，甚至连一顿像样的早餐都没有。

当然，最好的办法就是放下那点可怜的尊严，到慈善机构去申请救助，这样他们就能得到一只火鸡给孩子过节了。母亲终于忍无可忍了，她向父亲大声嚷道："你怎么就不能像别人那样去慈善机构走一趟呢？你不去也行，但你少在我面前要威风。"

为了孩子，父亲应该放下尊严去讨一只火鸡回来。正当他要出门的时候，突然听到门外传来一阵敲门声。男孩跑去打开门，只见门外站着一个高大的男子，他满脸笑容，手里提着一个篮子，里面火鸡、罐头应有尽有。

男人很有礼貌地说："这些东西，是一位好心人要我送来的，他希望你们知道，在这个世界上，还有人在关怀并深爱着你们。"男孩的父亲极力推辞这份厚礼，男人却说："不要推辞了，我只不过是个跑腿的而已。"说完，把篮子挎在了小男孩的臂弯里，面带微笑地轻声说："祝你们感恩节快乐！"

大概让这个好心的男人更想不到的是，这个小小的善举，不但让一家可怜的人过上了感恩节，也改变了这个小男孩的一生。

这个小男孩无论在多么艰苦贫穷的环境里，都以一颗感恩的心善待他人，希望以自己的能力来回馈社会的赠予。18岁那年的感恩节，他用自己微薄的收入买了许多食物给两户极贫穷的家庭送过去。当男孩把别人的关怀化作感恩的行动时，上帝的祝福也满满地装进他的生命。这个男孩就是全球著名的心理励志专家、世界第一成功导师——安东尼·罗宾。一些世界著名职业球队、企业总裁、皇室的家庭成员、国家元首——美国前总统布什、克林顿，南非前总统曼德拉等都曾得到过他的帮助。

不管多不幸的人，只要生活在这个世界上，领导人就要心怀感恩。因为活着本身，就是一件值得感恩的事。每天早晨睁开双眼，我们就应该庆幸，真好，我还活着；起床，真好，我还可以站起来；上班，真好，我还没有失业。看，生活本身就是一件值得感恩的事。如果你已经失业了，而且今天生病了，起不来床，那至少，你还活着。如果你马上就要死了，至少，至少，这个世界我温柔地来过。感恩，会让我们了无遗憾。

第三章

停止不必要的追逐，让心回归宁静

我们以为解决了欲望，满足了愿望，生活就会安定，人心就会幸福，可最后我们却往往发现，随着欲望的满足，幸福不但没有增加，反而越来越少，痛苦却越来越多。其实，让我们感到痛苦的不是欲望，不是名利本身，而是我们自己原本就不宁静的心。只有内心足够宁静的人，才能摆脱外界虚名浮利的诱惑，获得属于自己的那一份发自内心的幸福。

1. 心灵回归宁静，才能看见最真实的自己

一个淡定的人，一定是一个内心宁静的人，一个活得很真实的人。只有内心宁静了，我们才能跳出是非圈，置身事外，看清万事机理。撇去浮枝躁叶，方见水底清澈。只有平心静气，关注内心，我们才可能用心聆听生命的美好，体味生命的真谛。

英国哲学家罗素说："幸福的生活在很大程度上，必是一种宁静安逸的生活，因为只有在宁静的气氛中，真正的快乐幸福才能得以存在。"宁静，就是心无杂念或少一些杂念，人的杂念少了，心里的空间就宽了，敞亮了。没那么多杂念纠缠，心里一静，大脑就清楚，情绪就开朗。

心灵宁静的人一般只需做到两点就可以了：少听、少看他人的生活，多听、多看自己的内心。少听，就是少听别人的评价，不以别人的评价而患得患失或者烦恼。相信自己的判断，我过我的日子，我做我的事，你爱怎么说就怎么说。

少看，就是少看别人是怎么过日子的，看张家过得好，羡慕张家，看李家儿女好，就羡慕李家。攀比是现代人不幸福的一大主要原因。我们应该关注自己的日子，享受自己的生活。要怎么做到这两点呢？一是自省，多思考，在自省中及时发现自己的错误，消除杂念。二是，多接触大自然，自己的心灵就会在自然中得到净化。

从前，有个国王在打猎时，遇到了一个美丽的女孩子，想娶她做自己的皇后。女孩子同意了，但提出一个条件：每天下午要给她一个小时的时间，不要问她去哪里，去做什么。国王答应了，她便和国王一起回到了王宫。

转眼间，10 年过去了。王后非常称职，深受民众爱戴，还给国王生了一双可爱的儿女。更让人惊奇的是，王后还像 10 年前一样年轻，一点都没有变老。

只是，10 年来，皇后每天总是在同一时间离开王宫，又准时回来，每次回来，王后都显得很开心。国王很好奇：王后到底去了哪里呢？难道，王后在外面另有情人吗？终于有一天，好奇的国王悄悄地跟踪王后，来到了他当初遇到王后的森林里。只见王后在森林里像小孩子一样，在草地上奔跑，躺着看天上的白云，在溪水里清洗自己的身体。做完这一切之后，她又穿上王后的衣服，以优雅高贵的姿态回到王宫里。

原来，这就是王后保持年轻的秘诀。她每天给自己一个小时，抛开所有的杂念，像孩子一样单纯快乐，这也是她为何能够一直保持美丽的容貌和愉快心情的原因。

很多人认为，漂亮的衣服、高档的化妆品、舒适的住宅、安逸的生活，才能让人永保年轻，殊不知，杂念少、欲望少的人，才越健康，越年轻，越长寿。杂念少，欲望少，我们的心就越宁静；越宁静，我们就越容易看见自己真实的内心；只有看清自己的内心，才可能做真实的自己；只有做真实的自己，我们才会安心，才会快乐。

心烦意乱、焦躁不安的我们，即使有了明确的目标和方向也很难找到真正想要的东西。急切的头脑越是想获得什么，就越容易陷入一种混乱和狂躁当中。而当我们的头脑处于安宁、单纯、寂静的状态中时，我们常常不用费太多力气就能达到目标。我们的心灵就像一泓湖水，只有在宁静的状态下，才会澄明清晰，才能照见最真实的自己。

古人崇尚“静以修身”，心不够宁静，不是因为被世界的外相所迷惑，而是被自己所迷惑。你越浮躁，对自己的认知就越模糊。心灵的浮躁和波动不仅影响我们对世间万物的看法，也会干扰我们对自己的认知，从而产生误差。只有当一个人的内心处于宁静状态时，才能对事物真相有一个相对清醒的认识，对于自己的思想行为也能产生一个相对公正的评价。

2. 经常扫除心灵上的灰尘

人世间的是是非非，纠缠不清。没有人能在完全无尘的状态下生活，不公平的事见多了，伤心的事经历多了，我们的心就会被蒙上灰尘。我们必须时时保持警醒，随时擦拭心灵上的灰尘，才能使我们的人生时时保持清澈。

在追求欲望的生活中，我们的心灵难免会沾染、蒙受各种各样的尘埃，自觉地、及时地为自己的心灵沐浴和洗涤，便显得异常重要。

在一座县城里，有一位老和尚。每天天蒙蒙亮，他就拿起扫把，从寺院扫到寺外，从大街扫到城外，一直扫出离城十几里。没有一天例外过。城里的许多人，从小时候开始就看到这个老和尚在扫地，直到做了爷爷，还看见这个老和尚在扫地。有一天，老和尚坐在蒲团上，安然圆寂了。但没有人知道这个老和尚到底有多大年纪了。若干年后，有人在城外的小桥上，发现了字迹已经模糊的关于老和尚的传记，根据老和尚遗留的度牒记载推算，他享年 137 岁。

在小城里，还流传着另一个关于这个老和尚的传说。据说，军阀孙传芳部队有一位将军在小城扎营时，不知道为什么，突然起意要放下屠刀，恳求老和尚收他为佛门弟子。也拿着扫把，跟在老和尚的身后扫地。老和尚什么都没说，只是向他唱了一首歌："扫地扫地扫心地，心地不扫空扫地。人人都把心地扫，世上无处不净地。"老和尚一辈子没有徒弟，这个将军离开小城后到底命运如何，都没有人知道。但这首谒，却帮助很多人改变了心境。

老和尚义务地为小城扫地，实际上也是在扫自己的心地。老和尚得享高年，与他的高深修行分不开。可惜，世俗人连一天的扫帚都不曾拿起来，或者只是偶尔拿起扫帚。郁闷了，就跑到清静的地方玩一玩，拜一拜，回到花花世界里，仍然是灰尘笼罩，垃圾一片。其实，只要你能够随时随地保持自省的心，随时随地打扫自己的心地，哪里又不是清净地呢？

与现实的灰尘相比，精神世界的灰尘更加无影无形，更具隐蔽性，更容易在精神世界堆积，让生命失常，让心灵失色。在漫漫人生中，我们要受各种苦难，面对各种繁杂的人事，看到各种让人郁结的事。如果我们不懂得取舍，好坏全收，就会发现，大脑开始变乱，原先的是非观也开始模糊，立场开始动摇，心里装满似是而非的杂念。思维越来越混乱，慢慢失去做人的原则。

南山脚下有一座寺院，寺院周围都是杂草丛生的荒地。显得很荒凉。僧人也曾经铲除过，但铲掉不久杂草就会重新长出来。因为荒凉，香火也不旺，寺里的和尚不少都到别的寺庙挂单去了。

后来，寺里来了一位双目失明的僧人。令人百思不得其解的是，盲僧做完早课之后，便摸着锄头到荒地上开荒，锄掉杂草后，便在泥土里撒下花籽。一场春雨过后，他播下的种子发了芽，抽了茎，绿了叶。在一个阳光明媚的早晨，当寺里的和尚出来做功课时，全都惊呆了。只见周围的荒地上开满了鲜花，那些花在春日的阳光和柔风下，绽放出万种风情。但盲僧却很平静，虽然他看不到花朵，但是，他的心里早已开满了花。他种下这些花当然不是为了自己欣赏，他是在告诉世人：在这个世界上根本不存在荒地，荒的只有心灵。

几十年后，这位双目失明的和尚成了受人敬仰的一代禅师——心明法师。

我们经常说，要去除杂念，其实，心灵不像屋子，你说去掉一样家具，搬走就可以了。这个盲僧在用行动告诉别人，清扫心尘，清除心灵杂草的方法很简单，用花朵代替杂草，用正念代替杂念，用善良代替恶。如果你放弃了逐名追利的念头，就等于搬进来一架宁静致远的琴瑟。

要知道自己的心是不是染了灰尘，是不是长了杂草，就需要用自省的办法来及时观照自己的内心。古人云：吾日三省吾身。这“三省吾身”，其实就是在打扫心灵的尘埃，通过反省自己的言行来得到净化心灵，获得宁静的目的。我国古代有一个读书人，洗澡的时候就会进行默想和反省，希望自己能够达到身心的清洁。后来，他干脆就在洗澡盆上写下了几个字：“苟日新，日日新，又日新。”希望自己每天都做一个干干净净的人。

一个人也只有常常拭去心灵上的尘埃，方能露出其纯真、快乐的本性来。我们每天都要给自己的心灵扫扫灰尘，洗个香喷喷的澡，让心灵晒晒太阳，心里干净了，人也就快乐了。

3. 不要让不理智的欲望来诱惑你

我们都是凡夫俗子，面对欲望时自然免不了心旌摇荡，想想生活中有多少看似本分老实的人，却在欲望面前，伸出了贪婪的手。见钱眼开，见利忘义，不要以为这些字眼永远只能用在别人身上，我们随时都有可能被利所诱，做出不理智的事情来。摆脱诱惑的最好办法，就是远离它。

荀子说："人生而有欲。"人生而有欲望并不等于欲望可以无度。宋理学大家程颐说："一念之欲不能制，而祸流于滔天。"古往今来，因不能节制欲望，不能抗拒金钱、权力、美色的诱惑而身败名裂，甚至招致杀身之祸的人不胜枚举。有人说：欲望像海水，喝得越多，越是口渴。欲望不加节制就变成了贪婪。贪婪者没有满足的时候，越不满足，胃口就越大。在生活中，我们要拒绝不理智的欲望，远离贪婪，远离诱惑，只有这样，我们才能远离诱惑的陷阱。

有两个在仕途上顺风顺水的男人，不到 30 岁就当了局级干部，是很多人艳羡的对象。不过，有一天，其中一个突然辞职，下海，白手起家，做起了生意。当时很多人对他的举动都表示不理解，甚至为他惋惜。几年后，这两个男人的命运却发生了 180° 的大转变。留在官场的男人虽然风光一时，但没两年就下了大狱，因为他利用职权犯了贪污罪，被判了15年。而那个下海的男人公司越开越大，如今已经成了当地小有名气的企业家。他谈起当年自己的选择时，很感慨地说："离开官场时我是经过深思熟虑的，因为我很清楚，自己有太多的缺点，不适合做官。假如我继续留在官场，下场可能比那位老兄更惨。"他认为自己有如下几种毛病完全不适合做官：

首先，他从小过够了苦日子，希望过富有的生活。官场上行贿受贿之风盛行，他不能保证自己能禁得住诱惑；其次，他也是有私心的人，有亲朋好友来求他办事，无论从人情上还是面子上说，他都不能够拒绝，就难免徇私枉法；再次，他喜欢漂亮的女人，如果有女人投怀送抱，他肯定做不了柳下惠……要让自己不犯错误，最好的办法就是远离官场诱惑。

综上所述，他认定自己不适合做官，于是弃官经商。

这个男人聪明在哪儿？聪明在，他能清醒地认识到人性的弱点，在现实的利益面前，每个人都有可能因拒绝不了诱惑而误入欲望的泥沼。拒绝不理智的欲望诱惑最好的办法，就是不去碰它。不要高估自己的定力和品性，好人在诱惑面前也会堕落。有许多初尝毒品的人都相信以自己的定力和毅力，一定能够摆脱毒品一次又一次的诱惑，但最终几乎所有人都失败了。对诱惑难以拒绝，是人类与生俱来的本能。这是因为，没有欲望，没有面对诱惑的冲动，人类是无法在残酷的自然界生存和进化的。但人又是理智的，能够分析出哪些欲望是对自己有利的，哪些是有利有弊的，哪些是不利的，然后，以理智和毅力去克制不理智的欲望。

你是否听到过一些人这样给自己找借口，不是我想收贿赂，不是我想出去找女人，可现在的社会就这样，身边的人都这样，我想不收，他们求着我收，我不想去那种地方，可是朋友非拉着我去不可。我也是没有办法。犹言，不是我上赶着找欲望，而是欲望上赶着来找我。即便如此，我们也还是有办法远离诱惑的。陶渊明当年认为为了五斗米而折腰的官场不适合自己，主动放弃官职，跑到乡下去种地，过着悠然自得的生活。工作竞争太激烈，同事之间钩心斗角的事太多，你说，我做不到不计较，那么，好吧，换工作，远离是非之地。有很多所谓怀才不遇的人既不甘心回家种地，又不喜欢职场和官场的争斗，徘徊其中，深陷其中，结果把自己的一生都搞得惨兮兮的。

不要把诱惑当成人生的一种经历或游戏去把玩，要知道，当你对诱惑动心的时候，也就证明了你定力不足，如果把持不好，很容易就会掉进诱惑的陷阱里去。

托尔斯泰说："欲望越少，人生就越幸福。"同理，我们也可以说欲望越多，就越容易致祸。古往今来，多少人欲壑难填，多少人被贪婪打败。所以，面对欲望，我们一定要适可而止，懂得舍弃，只有这样才能从贪婪中解脱，从而获得心灵的安宁。

4. 别让诱惑绑架了我们的心

现实生活中总是有着太多的诱惑，如果你不能以宁静的心灵去面对，就会感到心力交瘁或迷惘躁动。所以，懂得在恰当的时候做出选择，懂得适时地有所放弃，正是我们获得内心平静的好方法。

在一条偏僻的老街上，有一家铁匠铺，里面住着一位老铁匠。如今，已经没有人打制铁器了，老铁匠只好改卖铁制的生活用品，比如铁锅、斧头等。生意很冷淡，大半天来不了一位顾客。于是，人们就经常看到老人一手拿着一个半导体，一手举着一把紫砂壶，坐在店门口喝茶，听收音机。老人从来不主动招呼生意，开这个店，更多的是打发时间，赚钱倒在其次。他老了，挣的钱够自己喝茶和吃饭的就行了，他很满足。

有一天，一个古董商人从老铁匠的商店门前经过，不经意间看到老铁匠手里的紫砂壶。他一眼就看出，那是一把罕见的古董壶。再仔细观察，他认定，这是清代制壶名家戴振公的作品，戴振公素有“捏泥成金”的美名，据说他的作品现在仅存三件。难道世上还有第四件吗？古董商人征得老人同意，端起那把壶仔细端详起来，果然没错，就是戴振公的作品。

古董商人二话不说，出价 10 万元要从老人手里买下这把壶。老铁匠听到这个报价瞪大了眼睛。这把壶是他的爷爷的爷爷留下来的，他从来不知道，一把泥做的茶壶会这么值钱。不过，他拒绝了古董商的请求。这是祖传之物，他不能卖。

壶虽然没有卖成，但古董商走后，老铁匠有生以来第一次失眠了。他端着茶壶左看右看，以前他喝茶时，茶壶随便往身边一放，想喝时，捏着壶把往嘴里一送。现在，他总是害怕自己不小心把壶磕了、碰了。他的心思都在茶壶上，忘了茶的味道，忘了听收音机里的相声，忘了看门外悠闲的风景。

更烦人的日子还在后头，镇上的人在听说老人有一把价值连城的茶壶后，门槛都快给他踏破了。晚上经常有人推他家的门。老人怕壶被人偷走，不得不加固了大门。

就这样，原本一把普通的紫砂壶摇身一变成为古董之后，老人的生活彻底被搅乱了。

过了一段时间，商人再次带着 20 万元现金登门，老铁匠再也坐不住了。他招来左邻右舍的人，拿起一把斧头，当众把那把紫砂壶砸了个粉碎！从此，老人又恢复了喝茶听收音机的平淡日子，只是那把名贵的紫砂壶换成了一把普通的紫砂壶。

就这样，老人端着这把普通的紫砂壶安然活到了 120 岁。

再多的钱财，也不过是身外物，有它，我们每顿吃一碗饭，无它，我们每顿也是一碗饭。只要我们的心灵能够宁静快乐，有多少钱并不重要，印度诗人泰戈尔说过："如果鸟儿的翅膀绑上了金子，那么它肯定飞不高"。人每天要面对许多诱惑，它们以不同的面目和借口引诱我们成为它们的俘虏。有一只冠雀被捕鸟夹给夹住了，它伤心地说："我真是最不幸的鸟呀！我没偷别人的贵重物品，仅仅一颗小谷子却使我丧了命！"这只冠雀愚蠢吗？其实，我们每个人都可能无意中做了一只可怜的冠雀。我们必须时时警醒，抵制哪怕是像一颗小谷子这样的诱惑，以免使自己陷入不必要的烦恼当中。

我们看到很多名利双赢的成功者，同时又是一个淡泊宁静的人。他们只是努力用心在做自己应该做的事，而不贪恋成功带给他的名气和利益。一个人努力地做自己应该做的事，功成名就本来是很自然的事，可许多人偏偏舍本求末，只要名利，这才是最致命的地方。物欲横流的时代，向人展示了太多的诱惑，越是在这种诱惑中行走的人，越要保持一份清醒和淡泊。

面对诱惑不心动，不为其所惑，我只做我应该做的事，赚我应该赚的钱，这样的人也是真正懂得如何生存的人。这个世界有太多的诱惑，一不小心往往就会掉入陷阱。诱惑能使人失去自我，找到自我，固守做人的原则，守住心灵的防线，不被诱惑，你才能生活得安逸、自在。

5. 独守一份宁静，甘受一份落寞

如果心不安，很容易就被环境牵动，一旦环境里产生变动，或者因他人的一句话、一个动作，甚至是媒体上的一个信息，自己的心马上就跟着起伏；起初是心不安，接着影响生活不安，最后连生命也不安稳了。

当代大学者钱锺书，一辈子淡泊名利，虽然他的名气很大，但他千方百计地摆脱名利带给自己的干扰，谢绝所有新闻媒体的采访，专心于自己的创作。中央电视台《东方之子》栏目的记者曾千方百计想冲破钱锺书不接受媒体采访的底线，最后还是不无遗憾地对全国观众宣告：“钱锺书先生坚决不接受采访，我们只能尊重他的意见。”

小说《围城》发表以后，在国内外引起巨大反响。有一位外国女记者打电话说，她读了《围城》很想见他。钱锺书再三婉拒，并且幽默地对她说：“如果你吃了个鸡蛋觉得不错，为何一定要认识那只下蛋的母鸡呢?”

钱锺书难道不知道炒作能让自己的书多卖一点，钱多赚一点吗？别人求都求不来的出名机会，钱锺书却轻易地拒绝了。因为钱锺书明白，自己的价值就是写作，大家要喜欢就喜欢我的小说，如果喜欢我的绯闻，那我宁可当个乞丐，也绝不出这种风头。

时下有一个词，叫“娱乐精神”。我出丑，我耍怪，不过是一种娱乐精神。只要不影响自己的心情，不要因此而抑郁或躁狂，娱乐一把也无妨。只是娱乐的同时，也不要忘记自己的本分。

淡定的人，无论生活有多么烦嚣，都会给自己的心灵留一份宁静的空间，甚至甘受一份落寞。这样，无论生活怎样波动不安，都不能改变他的生活轨道。

一对年轻夫妇在繁华的闹市居住。时间一长，觉得生活就像部运转的机器，虽然总是在忙忙碌碌地转着，但太千篇一律了。于是他们决定去乡下放松放松，他们开车到了一处幽静的丘陵地带，看见小山旁有个木屋，木屋前坐着一位老人。丈夫就问老人：“你住在这样人烟稀少的地方，不觉得孤单吗？”

隐士说：“怎么会孤单呢！你看看，我身边有山，有水，有蓝天，有白云。有这么美丽的风景，欣赏都欣赏不过来，又怎么会孤单呢？更何况，身边还有小鸟为我唱歌，经常会有小松鼠拜访我的屋子，我看着它们在门前的树上跳来跑去，搬运松子。没事就看看从山里升起的白云，看它们不断变幻着形状。有时候，我到山上的瀑布下面吹吹风，顺便采摘点野果回来……我每天忙都忙不过来，哪还会有孤单的闲情？”

大自然有无穷无尽的美，在你失意空虚时，只要你走进大自然，听听大自然的声音，你的心很快就会愉快起来。我们花越多时间在大自然美景中，就有越多的焦虑消失掉。

如果你有一个小小的庭院，试着在院中种满花草。每天给花草浇浇水，修剪修剪树叶，或采集果实和种子。想象它们像种子一样躺在你心灵中的花园，这样你的心灵会变得安静而美丽。

生活中有不少人这样说，真想逃离尘世，去山间过闲云野鹤一般的日子。好像变了环境，就能让自己的心静下来，就能让自己得到真正想要的生活一样。其实，正像诗中说到的一样："结庐在人境，而无车马喧。问君何能尔，心远地自偏。"只要我们的心灵能够消除杂念，在哪里，都能得到真正的宁静。心静自然凉。

6. 给心灵做瑜伽，在呼吸与冥想中沉静下来

冥想是在一种非常安静的状态下，让自己摒除杂念，回归内在的自我，从而达到物我两忘的状态。冥想是一种强有力的工具，它可以使放任自我的思想平静下来，最终让思想恢复更加平静和放松的姿态。

内心的宁静是人生的珍宝，拥有一颗宁静之心，比那些急切忙于赚钱谋生的人更能够体验生命的真谛。如今，越来越多的人开始学习追求内心的宁静。在远离大自然的现代喧嚣都市，冥想和静思是获得内心宁静的主要途径。很多人通

过冥想训练自己，让注意力在宇宙间漂浮，不被焦虑所困。伊斯华伦在《征服心灵》中说："在深沉的冥想中，我们的心灵是静止、宁静而澄静的。这是我们童年时期的天真状态，借此我们才知道自己是谁，以及生命的目的是什么。"

每天花点时间进行静思和冥想。这种练习能使我们的精神活动放慢。一旦我们放慢内在混乱状态的活动速度，外在生活自然也就慢下来了。

据资料记载，冥想会给人体带来许多好处。首先，有控制地深呼吸能增加我们身体的供氧量，镇定神经系统。其次，定期地练习冥想，能有效地帮助我们的头脑清除杂念，便于我们精神更加集中，能够更加有条理地进行思考，并更有效地制定决策。再次，冥想可使我们对事物的形势有更清晰的了解，并且消除基于社会环境对人大脑的下意识影响。

冥想并不是什么高深莫测的修行，我们随时随地都可以进行冥想。在日常生活中，我们都有类似的行为，学生在遇到难题时，就会让自己安静下来，并集中注意力，思路就会变得比较容易打开。这种集中注意力的行为，其实就是冥想。

有一次，著名成功学家拿破仑·希尔带着介绍信前往发明家埃玛·盖茨博士的实验室去见他。当希尔到达时，秘书告诉他说："很抱歉……这时候我不能打扰盖茨博士。"

"要过多久才能见到他呢？"希尔问。

“我不知道，恐怕要3个小时。”她回答。

“盖茨博士现在很忙吗?”希尔又问。

她迟疑了一下，然后说：“不，应该说不忙，不过他正在静坐冥想。”

希尔不禁笑了：“静坐冥想?”

她笑了一下说：“我实在不知道博士要静坐多久，如果你等不及，我可以帮您另约一个时间。”

希尔决定留下来继续等，因为他想弄清楚静坐冥想到底是怎么一回事。

当盖茨博士终于走出房间时，寒暄了几句之后，希尔就把话题转到了静坐冥想的问题上。博士高兴地说：“你想不想看看我静坐冥想的地方，并且了解是怎么做的?”希尔当然很乐意。接着，盖茨博士把他带到一个隔音的房间去，这个房间里唯一的家具是一张桌子和一把椅子，桌子上放着几本白纸薄、几支铅笔以及一个可以开关电灯的按钮。

从谈话中希尔得知：盖茨博士每次遇到棘手的问题时就到这个房间来，关上房门坐下，熄灭灯光，集中注意力进入冥想状态，等整个思路比较清晰明了时，他就会立刻抓紧时间把它记录下来。盖茨博士的许多发明就是在冥想中获得的灵感。

心灵宁静的人往往是喜欢冥想的人，通过冥想来自省和思考人生，抵制诱惑，从而更进一步地守护心灵的宁静。

很多人误以为冥想是宗教行为，其实不是，冥想是一种有益身心的养生方法。正因为如此，大多宗教会用这种方法修行，但不等于说冥想只能是宗教的修行方法。因此，如果你并未皈依任何宗教，也可以通过冥想来升华精神境界，强化内心力量。通过冥想，我们可深入内在去探寻灵性世界，还可与之对话，深入自我认识。

无论是物质生活还是精神生活，都是越简单越好。简单才能宁静，宁静才能活得快乐。很多人把自己活得不快乐归结为是外部世界的干扰太多。其实，如果人的心灵不宁静，即使生活在桃花源中，他也一样会觉得烦躁不安。即使在闹市，我们仍然可以通过冥想获得一种“采菊东篱下，悠然见南山”的宁静境界。

冥想时，最好找一个没有干扰的环境，你要做的事就是摒除脑子里的杂念，让大脑什么念头也不要有。当然，刚坐下来时，你很难安静下来，心头反而杂念丛生，这时，你要试着将注意力集中到一个点上，比如，用意念在大脑中想象出一支蜡烛的火焰，四周都是黑暗，只有这一点火焰……将注意力都放在这点火焰上，当然，你也可以在头脑中想象其他东西，比如一朵花。或者念一句经文，或者不断地重复一句话，只要在一段时间内，你能将注意力集中于一点即可。

当注意力完全集中后，你就可以进入下一步了：什么都不想，心无杂念。做到这一点并不容易，有一个办法是：每当有什么想法钻进你的头脑时，你要有意识地将它赶出去。

过一段时间后，你就能学会如何消除杂念了。你将不再受外界思想的控制，从而找到真正的自己。

当然，生活中，我们并不需特意经常去做冥想，只是经常给自己一个安静的空间，哪怕在这个空间里什么也不想，把烦恼暂时放在一边，安静地过一个下午，也是很好的。

7. 问心无愧最心安

作家马德说：“一个人活得幸福不幸福，一要看是不是能睡着，二要看是不是想醒来。能睡着，说明心安，此前问心无愧；想醒来，说明心美，当下正是所要。”

王阳明是我国明代的心学大师。一天半夜，他的一个弟子捉到一个小偷，看着小偷正当壮年，不缺胳膊不少腿的，也不是个大奸大恶之徒，送交官府肯定要法办，关上三年五载的，这个弟子有些于心不忍，便说：“你说你一个大活人，干点什么不好呢？出来偷东西，你不觉得良心难安吗？”谁知，小偷却嬉皮笑脸地问道：“你能告诉我，我的良知在哪里吗？”时值盛夏，虽然半夜了，天气还是很热，这个弟子便笑着说：“我可以放你走，不过也不能白白放过你啊。看你身上也没什么值钱东西，也就这一身衣服还值点钱了。你就留下你的衣服，走人吧。”王阳明的弟子让小偷先脱掉外衣，接着又让他脱掉内衣。小偷很不情愿的脱掉了。当让他脱掉裤子时，小偷抓住自己的裤腰说："这恐怕不太好吧。"

王阳明的弟子笑着说："你怎么说不知道自己的良知在哪里呀，良知不就在这里吗？"他指指小偷的裤子。

《法华经》有言："健康是最大的利益，满足是最好的财产，信赖是最佳的缘分，心安却是最大的幸福。"俗话说，不做亏心事，半夜不怕鬼叫门。人遇到了挫折和磨难，虽然也会有痛苦和挣扎，但是只要熬过去了，就不会再难过。可是，如果是自己的良心在受着谴责，那么即使是再努力，再挣扎，也没有办法躲开痛苦。遮掩，或许可以逃过别人的眼睛，甚至逃过法律的制裁，但是唯一逃不过的是自己心灵的谴责。

在一次海难中，他侥幸生存，而其他船员集体遇难。大家都以为他也已经死亡，船主按法律的规定，给每位遇难者的家属一笔不菲的经济补偿。

作为唯一的幸存者，他几经磨难，死里逃生，当他在回家的途中听说在这次事故中，每位遇难者的家属可以得到十几万元的补偿费后，立刻打消了回家的念头。因为他一回去，家人就得不到这笔钱。而这些钱，如果让他去赚，至少得 20 年。

思考再三，他开始了流浪生涯。然而，他的心始终无法安宁，他夜夜失眠，想妻子儿子，承受着良知的煎热。终于，他感到无法承受心灵的煎熬，他回家了，回到了亲人的怀抱。为此，亲人们没能得到那十几万的赔偿，但他，心里安宁了。

尽管他选择了远离，但还是无法躲开心债。十几万元的财富，也买不到自己内心的快乐。其实有时候想想，人们的心灵还真是奇怪，越是没有人知道，就越是会自己提醒自己。所以，在事情发生的时候，越是想要掩藏，就越会受到内心的折磨。所以，索性不如公开，索性不如让自己受到惩罚，反而可以心安。

巴金先生说："良心的责备比什么都痛苦。"当我们欺骗别人的时候，最让人觉得可怕的，不是别人对我们的惩罚和报复，而是我们自己内心的不安。背负着心债过日子，其中的痛苦滋味可想而知。所以，在生活中，我们要尽量避免欺骗他人，否则我们将会永远受到自己内心的惩罚，让自己的内心永远都得不到安宁。在我们的生活中，只有光明磊落，上不愧于天，下不怍于地，人生才是真正的洒脱，我们才能获得幸福。

做错了事，心感到不安，是因为我们原本就是善良的人，但我们都不是圣人，犯错是难免的，受到诱惑是难免的。但这毕竟不能成为我们做错事的借口，做错了，就要去承认，就要去改正。改正了，我们的心也就安宁了。

真正的君子即使是在没有一个人的荒野上也绝不会做违备良知的事。但如果他认为某件事值得自己去做时，即使顶着再大的压力也会去做。淡定的人历来奉行一个四字箴言："问心无愧。"

有人认为，人生最可怕的不是磨难，是违背良知，遭受内心的谴责。你不知，他不知，但天知，地知，自己知。人做了违备良知的事，最大的折磨就是心灵的谴责。背负着心债过日子，其中滋味可想而知。

其实，任何人都不可能完全摆脱良心的折磨。人生在世，难免会有一点私心，做一点违备自己良知意愿的事。没有几个人能够理直气壮地拍着胸脯说自己的一生都问心无愧。作为凡人的我们，只要在大多数事情上问心无愧，就可以心安。对已经发生的错误，及时去改正它，去弥补损失，你也一样能够获得心安。

第四章

淡定的人生不抱怨

盲人密尔顿在300年前就发现了幸福的真相："思想本身能把地狱变成天堂，也能把天堂变成地狱。"拿破仑拥有荣耀、权力、财富等一切耀眼的东西，可是他却对圣赫勒拿说："我从来不觉得快乐。"海伦·凯勒又瞎、又聋、又哑，可她却觉得：生命是如此的美好。"生活是一面镜子，你笑他也笑，你哭他也哭。"面对生活中的种种不如意，我们不能一味地抱怨，抱怨本身不会改变任何状况，抱怨不如改变。淡定的人生就是不抱怨的人生。

1. 不要用别人的过错来惩罚自己

德国学者康德说："生气，是拿别人的错误惩罚自己。"当我们因为别人的一句话、一个举动而怒气冲冲的时候，你有没有想过，用别人的过错惩罚自己，值得吗？

我们都是普通人，生活中充满了不同的烦恼，有的烦恼来自工作的压力，有的烦恼来自自身的心态，遇到一个无情无义的朋友，我们还会埋怨自己遇人不淑；遇到一个暴躁、狭隘的领导，我们会抱怨这个世界不公平，好人没好报，总是受欺负；遇到一个不讲礼貌、不讲卫生的路人，我们会觉得这个社会真差劲；遇到不公平的事情发生在我们身上，我们会埋怨世态炎凉……

其实，在你抱怨别人时，别人也在用同样的话抱怨你。妈妈抱怨儿子不听话，儿子抱怨妈妈太唠叨。老公抱怨老婆不温柔，老婆抱怨老公不顾家。领导抱怨员工开小差，员工抱怨上司太苛刻。当抱怨成为习惯，你的潜意识就会希望等着别人来对你犯错，只有这样，你才有机会为自己找到新的抱怨的借口。小孩子考试不及格，他明知道是自己不努力造成的，可是，他在等机会，找借口，把自己的失败算在别人头上。于是，他说，他总是得不到老师的关注；爸爸不是教授，自己不能像人家的孩子那样天天被辅导学习；考试前因为妈妈没有给自己带伞，淋了雨感冒了。我们从小就开始在抱怨中生活，每个人都或多或少地为自己抱怨过。当然，如果大家都有同样的毛病，那说明，抱怨是人的正常情绪。

喜欢抱怨的人总会不由自主地想到生活中种种不开心的事情，想到生活在自己周围的人们的种种不是，想到背叛自己的朋友，想到总是让自己伤心的爱人。别人的错误仿佛刻刀般，在他们身上刻下了深深的烙印，让他们终日活在抱怨、苦恼、咒骂中。要记住，不管别人对你犯下了什么错，你都没有理由让宝贵的生命浪费在对别人的埋怨和痛恨里，与其浪费时间去埋怨别人，倒不如好好经营自己的生活。别人不小心碰了你一下，就算是别人没有道一声歉，你也没必要太较真，但若本是他人不对，自己反而装了一肚子气，何苦呢？

"不要拿自己的错误惩罚别人"。这样浅显的道理人人明白，却不是人人都可以做到的。错误总是让人心生怨恨与懊恼，导致其更加疯狂地寻找遮盖伤口的挡箭牌，于是，就情不自禁地要去惩罚别人。如果伤害我们的人得不到惩罚，我们就会感到愤怒、痛苦，甚至做出冲动的事情来，最后害人又害己。做错事的人得到惩罚是应该的，但前提是，在这场伤害与被伤害的事件里，你要学会尽快摆脱阴影，让自己不再成为受害者。在惩罚当事人与自己不再继续受伤二者之间选择，我们要尝试选择后者。放下恩怨，停止抱怨，开始新生活。

泰戈尔说过："当你为错过太阳而流泪时，你也将错过群星。"何必为追不回来的东西而流泪呢？记住，拿别人的错误来惩罚自己是很愚蠢的，少埋怨别人，多改变自己，把更多的时间放在自我完善上。当我们无法改变别人，但又真的感觉无法接受的时候，那么，选择远远地逃避和不再关注他们，难道不是最好的解决方法吗？不拿别人的错误来惩罚自己，就是珍惜自己的心情和健康，就是给自己更多的机会和幸福。

2. 忘记过去，你会活得更精彩

我们的心承载不了太多的过去，停留在过去的阴影里，只会苦了自己。要幸福就该学会忘记。

心理学家研究发现，很多人心情郁闷，不是因为他们正在经受什么折磨，而是因为他们总是沉浸在不幸的往事中。

昨天的失恋，昨天的失业，昨天生意赔本……他们总是旧事重提，好像证明自己一生都处于不幸中，才能使自己更好受些一样。那么，我们真的感到好过了吗？当然不是。没有人会因为抱怨而感到幸福。让过去的事情影响自己现在的心情，实在大可不必。无论怎样，过去的都已经过去，我们应该想办法让自己走出过去的阴影，而不是让昨天的坏心情无限期停留。

有一个女孩，因为一次惨痛的失恋经历而吞下了一百片安眠药。事情过了一年，当她的朋友再次见到她时，她已经有了新的男友，而且马上就要结婚了。朋友真难以相信，她能如此之快地走出痛苦的阴影。朋友们没有提起她曾经的失恋，那是她心上最大的痛。她却自己道出了那段往事。她说，为情自杀的那段时间，她一直在盯着房门，他曾经那样爱自己，知道她在受苦，他一定会来看她的，可是，他没有来。这时，她才幡然醒悟：为了不爱自己的人折磨自己，是一件多么傻的事情，念念不忘一个根本不值得自己爱也不爱自己的人，更傻。她能做的，就是忘记过去，接受新的追求，开始新的恋情。说完往事，她略带自嘲："原来，我也是一个没心没肺的人，好了伤疤就忘了疼，依然可以快快乐乐地去爱别人！"

其实，好了伤疤忘记疼有什么错呢？遗忘才是我们的本能，不然，这世间百分之九十九的人都要活不下去，生老病死这几样人生的大痛苦，是人都要摊上几样，更别提失恋这种小事了。“伤心人”纳兰性德，妻子去世后自己心疼也就罢了，写写诗词怀念倒也罢了，还要把自己的健康和生命也搭上，那不过是诗词中的人生，人是有理智的动物，伤心也有个限度。庄子的妻子死了，他鼓盆而歌，既然人都难逃一死，那么，不如接受现实，让我们继续唱歌吧。

“好了伤疤忘了疼”才是正确的，如果反复咀嚼生命中的那一点儿痛苦，一味地沉浸在痛苦的回忆中，也许错失的不仅仅是现在，还有未来。就像祥林嫂一样，因为老是反复咀嚼自己的痛苦，就会一遍一遍地加深你对痛苦的记忆，让自己一次又一次地揭开伤疤，让它没法痊愈。当然，忘记过去，并非意味着要彻底“失忆”，采取逃避的态度，而是说，一方面，情感不要长久地停留在痛苦的事情上，另一方面，我们的理智应当多在挫折和坎坷上寻找突破口，力争克服它，解决它。

哲人康德是一位懂得遗忘的人。当有一天他发现最信赖的仆人兰佩一直在有计划地偷盗他的财物时，他一气之下辞退了兰佩。但康德又十分怀念他，于是，他在日记上写下悲伤的一行：“记住！要忘掉兰佩！”真正说来，让一个人忘掉伤心的往事并不是那么简单的。理智告诉我们要遗忘，但心却无法真的做到忘记。它总是不经意地来干扰我们的情绪，刺痛我们的心。当痛苦的往事浮现出来时，我们必须让自己不陷入悲伤的情绪中。所以，我们很有必要学习一点遗忘的方法。也许，最好的遗忘方法就是学会找乐，用新的快乐代替曾经的快乐或痛苦，或者专心工作，或者运动、旅行。一个人如果学习了忘怀之道，不愉快的心情就会自然消失，代之的是朝气蓬勃的新生，幸福将为你再度发出耀眼的光辉。

哲人说："太阳底下所有的痛苦，有的可以解救，有的则不能，若有就去寻找；若无，就忘掉它。"如果命运已经无法改变，抱怨也无济于事，那么，倒不如淡定，再淡定，快乐，快乐，再快乐，直到让自己真的快乐起来。

3. 不要为打翻的牛奶哭泣

蔡康永说："离职了，但因此能完成向往已久的旅行；离婚了，但因此整个人充满能量。别人眼中的失败，可以是你自己认定的成功，反正成功有很多样子，会煮面，会劝架，会踢球，都是某种成功。"

我们不是神机妙算的神仙，所以，我们经常会预测错未来，选错职业，交错朋友，办错事，搞砸生意。于是，很多人在事后大呼"错了"，为自己的决定后悔不已。

2005 年，家住北京的张女士将位于海淀的一套房子卖掉，没想到，从那以后，北京的房价就以令人咋舌的速度一路飙升。张女士算了一笔账，不算还好，这一算可了不得，若按现在的市价，自己一下子就损失了几十万。张女士大受刺激，悔恨不已。她见人就说："如果房子当初不卖掉，我儿子连出国的费用都有了。"她越想越难受，悔得捶胸跺脚。白天见人就唠叨，晚上睡不着，躺在被窝里自己跟自己较劲。时间一久，张女士就得了精神分裂症，不得不住院治疗。

和张女士相似的人很多，比如，那些在观望而没有早几年买房的，有多少人动不动就在念叨："早知道几年前就买下那套房子，现在能赚一百万！"

如果你不幸做了错误的决定，那么，就让它过去吧。人不能一直生活在悔恨当中。更何况，我们无法预知未来，也无法改变过去。请不要后悔地说："为什么我妈不把我生得再漂亮一些，让我长得再高两厘米，这样我就可以当模特了！""早知道房价会这么高，当初我不如炒房了！""早知道这个专业会这样吃香，我当初读大学不如就选这个专业了！"我们都曾这样后悔过，当然，如果你只是嘴上说一说，还没什么坏处，如果你把这个当作你失败的借口，那就大大的不妙了。

有个泰国企业家，他把所有的积蓄和银行贷款都投资在曼谷郊外一个有高尔夫球场的15幢别墅里。不想，时运不济，就在别墅建好时，一场亚洲金融风暴席卷而来，别墅一间也没有卖出去，他眼睁睁地看着别墅被银行查封拍卖，他失去了所有的家当，一贫如洗。他顿足锤胸，悔恨不已。

有一天，吃早餐时，他发现太太做的三明治很好吃。他想，为什么不卖三明治呢？太太听了他的想法后也表示支持。说干就干，第二天早上，他就带着太太做好的一箱三明治上街了。从此，在曼谷的街头，每天早上大家都会看见一个头戴小白帽、胸前挂着售货箱的小贩，沿街叫卖三明治。他的三明治很好吃，受到很多顾客的欢迎。而且，不久之后，人们发现原来这个沿街叫卖的小贩，曾经是一个亿万富翁，这个消息不胫而走，他的三明治生意也越做越大。

他的名字叫施利华。如今，他以不屈不挠的奋斗精神，被评为“泰国十大杰出企业家”并且位居榜首。

很多人都曾经取得过辉煌的成绩，可是，一遇到什么风吹草动，人生陷入低谷，他们马上变了模样，昔日的风光不再，他们也不愿意从头开始，而是活在对辉煌往事的回忆中，对过去的悔意中。淡定的人永远知道如何从记忆中抹去一切使我们消沉、痛苦的事情，只有把痛苦和不幸放下了、忘记了，我们才能重新开始全新的人生。

很多人把人生看作一场赌局，赌赢了，庆幸自己的手气好，赌不赢，就后悔自己为什么要出那张错误的牌。这样的人生当然要郁闷了。人都是在错误中成长的，从过去的错误中得到教训，以过去为鉴，达成今日的成功，那才是正确的做法。

一个在商场拼搏多年而今功成名就的商人深有感触地

说："很多人都羡慕我今日的辉煌，殊不知我在创业的道路上遇到过多少坎坷！我曾为生意场上的不如意牢骚不断，为自己做错事而懊悔，回过头来想一想，真是没有必要。过去的事已经过去，后悔、埋怨、消沉都于事无补，何必为打翻的牛奶哭泣呢？"

是的，永远不要为打翻的牛奶而哭泣，我们需要淡然地面对人生的得与失。人生当豁达一些，要懂得及时放下，不为一时的得失而自寻烦恼。人生就像一场旅行，不要因为错过一时的风景而伤怀，须知前方永远都会有美丽的风景在静静守候。

错误已经铸成，不可能重来，那么，就要像对待打翻的牛奶一样，翻就翻了吧，难不成你要从地上重新找回那些牛奶？用扫把把打碎的玻璃扫到垃圾桶里，把弄脏的地板重新擦干净，就像什么事也没有发生一样。人生又何尝不一样，过去了就过去了，与其紧紧抓着过去不放，不如放开心怀，让过去成为过去！

威廉·詹姆斯说："完全接受已经发生的事，这是克服不幸的第一步。"

4. 抱怨的话宁可烂在肚子里也不要说

梭罗认为：不论你的生活如何卑微，你都得面对与度过，不要逃避，也莫要以恶言相加。生活不像你认为的那般

坏。当你富甲天下之时，生活却显得贫瘠乏味。即使在天堂，吹毛求疵之人也能挑出缺点。

有一句谚语，大概的意思是说，人看得见玻璃上的微尘、沙粒、毫发等，却看不到自己的睫毛。这意思是说，人往往看得到别人的过失，却看不到自己的缺点。平时眼睛所见，都是别人怎样不好，却从来不曾好好地反观自己。所以，我们常常抱怨别人，批评别人，却不能反省自己。

朱丽在一家外企做文职，刚进入公司的时候，她还只是一个不起眼的接线员，不过，通过努力，她很快便被调入行政部门。因为朱丽负责招聘新员工，所以，经常要接触一些来公司面试的求职者。每次，面试者离开之后，朱丽都会在同事面前对刚才的面试者品头论足：

“你看看她，还是重点大学毕业的呢！英语水平顶多算高中水平。”

“那个女孩穿得跟打工妹似的，还敢说自己是搞服装设计的呢。”

“我当初做接线员的时候，也没像她那么费劲啊！”

不管别人如何优秀，朱丽都能找出几个“硬伤”嘲笑一番。一天，公司新来了一名海归，朱丽又像发现了新大陆一样，对新来的同事进行点评。不过，这些话被老板无意中听到了，老板对朱丽喜欢对同事说三道四的做法非常不满，他说，如果朱丽不改掉这个毛病，就不能在公司待下去了。公司需要的是合适的人才，每个人都有自己的缺点和优点，一味地抱怨别人并不能彰显自己有多么优秀，只能给人无知、刻薄的印象。作为行政部门的主管，朱丽这种喜欢抱怨别人的个性很不适合在这个职位上继续待下去。

老板的想法是对的。其实，朱丽是很多人的缩影。每天我们都会发出各种抱怨。但是，建议你，这些抱怨的话宁可烂在肚子里，也不要说出来。如果你抱怨只是想改变现状，那么，抱怨不如改变。如果你只是想发泄怨气，那就尽量用沉默代替吧。有一则古老的寓言，或许可以给我们一些启示。

有一个脾气暴躁的农夫，划船到另一个村子里去。他希望能够在天黑之前赶回家中，所以，一路上划得很用力。划到一半时，他发现迎面来了一只小船，速度很快，眼见着就要撞上他的船了。当然，他可以主动避开，不过，他觉得，凭什么是自己避让呢，那只船分明是有意不肯让路。

“让开，快点让开！你这个傻瓜！”农夫大声吼道，“你这个瞎眼鬼，没看见有人在这儿吗？”但农夫的吼叫完全没用，船还是径直向他撞来。他手忙脚乱地将船划向一边，但已经来不及了，那只船还是重重地撞上了他的船。农夫破口大骂道：“你到底会不会驾船，这么宽的河面，你竟然撞到了我的船上？”

可是不管农夫怎么咒骂，船主人却一声不吭。等船夫骂够了，才发现，那只是一只空船。他骂了半天，只不过是白白振动了空气而已。

当我们一味抱怨他人、指责他人时，有可能，就像这个农夫一样，你的听众只是一条空船。空船绝不会因为你的斥责而改变它的方向，抱怨只能让它制造的麻烦转变成你的烦恼。与其抱怨，不如划动自己的船，避免冲撞和更大的损失。如果因为他人的过错而使你陷入无尽的烦闷悲伤之中，你就成了唯一的一个受到伤害的人，所以，当意识到你在抱怨或是无谓地批评时（包括对他人的评判），应该马上停止自己的抱怨。

5. 改变心情，就能改变事情的结果

在生活中，你会发现，同样的人在做同样一件事，但因为做事的人看问题的角度不一样，心情就不一样，做事的效率和结果就不一样，各自的生活就显现出完全不同的面貌来。这就是明明工作差不多，收入差不多，人生境遇也大同小异，但每个人的幸福感却不一样的原因。

有一天，小晴因为有事打车，正赶上交通高峰时段，没多久，车子就困在了长长的车龙之中。小晴也很着急，不过想想，这时候出门塞车也实属正常，着急也没有用，这样一想，也就安心了。想来，司机师傅每天都要遇到塞车，一个人在车里一待就是半天，一定很闷啦。于是，小晴便跟司机

聊起天来："每天的生意都不错吧？"

"好什么好，累一天，赚的那点钱连养活老婆孩子都不够。你们这些乘客还以为我们黑了你们的钱，动不动就投诉。"

小晴一想，也是。为了让大家都高兴起来，就说："你这车真不错，空间很大，坐起来很舒服。"

"你们这些小女孩，看见有车的帅哥就眼睛放光。可惜，我就是个开车的，车再好、再大，女孩子也不肯多看我一眼的。我当年追女朋友时，花钱买了这辆车，可是，没多久我就发现，这东西方便是方便，可是得喝油啊。油价一天比一天贵。车养不起了，卖又不值钱。干脆改行当出租车司机了。"接着他又开始抱怨出租不好干，赚不到钱，乘客素质差，路况太差等。一路上怨声载道。

一到目的地，小晴飞快地逃下了车，耳根总算清静了，小晴拍拍胸口，长出一口气，希望下次不要遇到这位师傅。

又过了几天，小晴与朋友打车去香山玩，这次，出租车司机是一位中年女人，小晴这次有经验了，一上车就乖乖闭上嘴巴。没想到，司机却主动攀谈起来。跟他们说起自己拉客去香山的一些趣事，逗得小晴和朋友一路笑声不断。

司机还打开收音机，一路上伴随着欢快的歌声。有时候，司机还情不自禁地跟着哼几句。"我唱得不好听，你们别笑话啊。"

小晴笑了，说："看来你今天心情不错嘛！肯定出门就遇到好事了。”

“哪里，我每天都是这样啊。刮风也好，下雨也好，都影响不了我的心情。”

“为什么，你不会觉得开车很闷吗？听说现在出租车也不太好干。万一遇到不好的顾客怎么办？”小晴想起上次那位出租车司机师傅的抱怨，很好奇，心想，这位大姐要是遇到醉酒的乘客，小气的乘客，为一块钱就打投诉电话什么的，还会开心得起来吗？

中年女人笑了：“难缠不讲理的顾客肯定有，不过，也有好顾客啊。其实，我刚开始开车的时候。也不开心，觉得好无聊，在车里一坐就是十几个小时，真受不了啊！要是遇到难缠的顾客，一天都气得肚子鼓鼓的，哪还开心得起来？不过，很快，我就发现一个让自己快乐起来的方法。”

“什么方法？”小晴和朋友异口同声地问。

她说：“换个角度看，就会发现，自己原来是很幸福的。后来我就想，其实我开车，就是客人付钱请我出来玩。像今天一早，我就碰到你们，花钱请我跟你们到香山玩，这不是很好吗？你看，沿途的风光多美，我顺道旅游了一次，而且，你们还要倒付我钱……”她故作神秘地坏笑。

小晴也笑了，说：“还真是这样。还有这好事呢。”

她又继续说：“像前几天我载一对情侣去湖边看夕阳，他们下车后，我也下车挤在他们旁边看看夕阳才走。反正来都来了嘛，更何况还有人付钱呢！呵呵。”

小晴觉得和这样的司机同车出游，真是一件幸运的事情，于是，跟这位女司机要了电话，以后再打车就给她打电话。接过她名片的同时，女司机的手机又响了起来，原来有位老客户要坐她的车去机场。

同样是出租车司机，一个做得牢骚满腹，痛苦无比；一个做得快乐优哉，风生水起。你心情不好，顾客看着你也不顺眼，生意自然不会好。你笑脸相迎，顾客看着你也高兴，坐你的车感觉舒服，下次当然更愿意照顾你的生意，生意自然会越来越好。做其他工作也是一样，如果你习惯于抱怨自己的工作多么枯燥，老板多么苛刻，每天唉声叹气、愁眉苦脸地做事，你还指望老板给你加薪升职吗？

一位女人带着一个小女孩在百货店里闲逛，她们身上的衣服都很破旧。小女孩儿走到一架立拍得相机前，拉着妈妈的手说："妈妈，我要拍照。"妈妈舍不得花钱，便哄她说："我们的衣服太旧了，拍出的照片肯定不好看。"小女孩歪着小脑袋想了想说："可是，妈妈，我的微笑每天都是崭新的呀！"

听了小女孩的话，深受感动的摄影师免费为她们照了一张相。

生活中的你，是否能像这个小女孩一样，虽然衣衫褴褛，却能每天都给自己以崭新的笑容？抱怨于事无补，反而会放大我们原本的痛苦和烦恼。抱怨不如改变，如果你对自己的现状不满意，那么就得改变自己，改变自己的心情。换

一个角度想问题，你会发现，当你抛开抱怨时，原先的那些烦恼和痛苦也跟着淡化了。

6. 想成为珍珠，先正视自己是沙子

面对生活的煎熬，最好的人生便是将自己冲成一杯香浓的咖啡，最差的结局便是做一只抱怨的胡萝卜，将自己的软弱无力归结为外力的作用。看，我原本强硬的身体，因为碰到了滚烫的水，才变成今天的样子！想想看，你是不是就是那根胡萝卜？

有一个大学刚毕业的女孩子，找工作屡次碰壁，她觉得自己怀才不遇，痛苦绝望之际，来到大海边，打算就此结束自己的生命。当她在沙滩上徘徊的时候，正好有一个老妇人从这里走过。老妇人问她："姑娘，有什么不开心的事吗？"女孩子说起自己的求职经历："我觉得我是有能力的，可为什么大家都看不到？"

"你真的确定自己是非常优秀的吗？"

"是的！"

好吧。老人从沙滩上抓起一把沙子。"看见了吗？现在，我要把它们扔到沙滩上，你来把它们找出来！"说着，她就把沙子扬在了沙滩上。

"这怎么可能？"女孩皱起眉头说道。

老人没有说话，接着又从自己口袋里掏出一颗珍珠，也是随便扔在了地上，然后对女孩子说："请你把它捡起来。"女孩子捡起珍珠，交还给老人。

"你看，一颗珍珠落在沙子里，你一眼就可以找到它，但如果你只是一粒沙子，人们还会从沙堆里发现你吗？孩子，在抱怨之前，先想清楚，自己到底是不是一颗珍珠。如果你是珍珠，就总有被人发现的一天。不要再做傻事了。"

女孩恍然大悟。

抱怨并不是解决问题的办法。当我们去抱怨现实对我们的不公时，先问一下自己到底是珍珠还是沙子。如果暂时还不是珍珠，那就努力让自己成为珍珠。沙子再多，最终也掩盖不住珍珠的光彩。

丽莎向父亲抱怨自己压力太大，几乎要承受不住了。生活真是不公平，像她这么大的女孩是不应该承受这么大压力的，这实在是不公平。她说，不如找个有钱人嫁掉算了。做厨师的父亲听了女儿的话，一声不响地到厨房里拿来 3 只锅子，先后往 3 只锅里倒入一些水，然后把它们放在旺火上烧开。最后，他在第一只锅里放了一根胡萝卜，在第二只锅里放了一只鸡蛋，在最后一只锅里放入一些碾成粉末状的咖啡豆。

大约 20 分钟后，父亲把这 3 样东西捞出来，分别倒在 3 只不同的容器里。

"亲爱的，这是你每天都要吃的东西。但是，你了解它们的特性吗？"丽莎说："我很了解它们。"父亲让她用手摸摸这3样东西，然后问她，它们有什么不同。

丽莎想了想，说："第一个盘子里是一根已经变得很软的胡萝卜；第二个盘子里是一颗壳很硬、蛋白也已经凝固了的鸡蛋；杯子里则是香味浓郁、口感很好的咖啡。"

父亲解释说，3种不同的东西，遭遇同样的情况，一样的火力，同样熬煮的时间，但它们的"反应"却各不相同。胡萝卜入锅之前是强壮的、结实的，但进入开水之后，它就变软了、变弱了；原本易碎的鸡蛋经开水一煮，它的外壳和蛋液都变硬了；而粉状咖啡豆则很独特，进入沸水之后，它与水充分融合，变成一杯香气浓郁的咖啡。"说完，父亲看着丽莎问她："你希望成为胡萝卜、鸡蛋，还是咖啡豆？"

丽莎明白了，她坚定地说："我要做咖啡豆。"

没错！面对生活的煎熬，我们不能做触水即软的胡萝卜，要像鸡蛋，变硬变强，但是，这样的境界还不够，最好做咖啡豆，无论环境如何恶劣，都不能改变它的香气，相反，它还会改变水的气味。生活就像水，没有水，再好的咖啡豆也冲不成香浓的咖啡，但是，水却因为有咖啡而变得香气四溢。如果你是咖啡豆，生活是不会把你变质的，生活反而会因为有你的存在而变得更美好。

7. 一次行动胜过一千次抱怨

有位哲人说：抱怨是最消耗能量的无益举动。天下只有三种事，我的事，他的事，老天的事。抱怨自己的人，应该试着学会接纳自己。抱怨他人的人，应该试着把抱怨转化成请求。抱怨老天的人，应该试着接受生活的不完美。这样一来，你的人生就会出现意想不到的转变，你的生活也会更加的美好。

美国成功哲学演说家金·洛恩说过这么一句话："成功不是追求得来的，而是被改变后的自己主动吸引而来的。"在生活和工作中，我们经常会遇到许多羁绊和束缚，对于它们，我们毫无办法。殊不知，囚禁我们的不是别人，而是自己，是我们不健康的心态和偏激的态度。当我们的生活不如意，做什么都不顺利的时候，有的人往往抱怨自己没有碰到好的机会，或者没有遇到好的环境。但很少有人会反思自己在个性上有什么问题，或者工作中有什么毛病。因此在抱怨一番之后，情况依然不会有什么改变。

王兆兰从工厂下岗后，到北京一家贵宾楼饭店做保洁员。这里对保洁员的要求极为严格，8 小时工作时间内要不停地擦拭、清扫。一天下来，疲惫不堪。没过多久，和她一起来的8个姐妹都因承受不了这样的劳苦而辞职了，只有王兆兰坚持下来。由于她工作认真负责，很快被调到商品部当销售员。可是，就在这个时候，饭店要停业装修，她又失业了。在待业的日子里，王兆兰看到一家茶楼招聘服务员的广告。但招聘的条件很高，年龄要求18～25岁，要懂英语，还要了解中国茶文化。王兆兰前去应聘，软磨硬泡，并极力陈述自己年龄大的优势和好处。老板被她的恒心感动，就让她在茶楼做了服务员。

为了学会泡茶，王兆兰手上烫出了大泡；为了分辨不同的茶叶性状、品质和口味，她反复试泡试喝，有时喝得心慌，睡不着觉。功夫不负有心人，很快，她就掌握了茶叶和茶艺的基本知识。同时，还学会了一套推销茶叶的技巧，上岗两个月就被老板提升为店长。

在茶楼的两年时间，王兆兰泡茶技艺不断提升。后来王兆兰参加了第四次茶文化展和第六届国际西湖北京茶会。她的“八仙茶”获此次茶会茶艺表演一等奖。几年后，王兆兰与人合伙开办了“聚福隆”茶庄，她由一名年近不惑的下岗女工，本着“少抱怨社会，多改造自己”的人生理念，终于成为招收下岗女工的企业老板。

比尔·盖茨说：“想做的事情，立刻去做！”这对于我们有深刻的启发意义。

1976年，年仅15岁的查里·贝尔走进一家麦当劳快餐店，找到店长说："我来找一份工作。随便什么工作都可以。"

店长看到他那因营养不良而瘦骨嶙峋的样子，委婉地拒绝说："这里暂时不需要人手。"

过了几天，贝尔再次来到店里，说，请给我一份工作，哪怕没有报酬也可以，只要能让我吃饱饭。

"可是我真的没有多余的工作给你做。"店长再次拒绝。

"我刚才看了一眼，发现贵店的卫生间不是很干净，我想，您这里一定缺少一个打扫厕所的，厕所不干净很影响顾客的胃口，就让我来打扫厕所吧。"店长同意了。

贝尔的工作做得非常到位，每天天没亮他就起床，从第一个客人来到店里，他就高度紧张，随时关注着厕所的卫生。他随时擦净厕所的水迹，甚至，半夜他还经常起来察看厕所的是否干净。他还在厕所养了花草……

贝尔 19 岁时，成为麦当劳在澳大利亚最年轻的店面经理，后来，贝尔又成为麦当劳的 CEO。

如果你已经尽力把一件事做好，可还是没有人赏识你，那也没有关系，要知道，你本身已经足够好，你已经是一杯咖啡，每个经过你身边的人，都会闻到你身上散发出来的香气，享受你带给他们的快乐，这样的你，会没有人赏识吗？

"遇到障碍我不会诅咒，会搬个梯子爬过去。"这是美国黑人亿万富翁约翰逊的一句格言。

是的，人生中不可能没有挫折、没有阻碍，关键是你如何对待挫折、对待阻碍。与其想要改变全世界，不如先改变自己。

抱怨除了带给我们更多的烦恼，带给我们更差的人际关系，带给我们更加失败的前途，带给我们更为疲惫的生活之外，什么都不能给我们。与其如此，我们何不停止抱怨，开始快乐的生活呢？

第五章

看淡得失，心灵才会找到归宿

有副对联说得好："得失失得，何必患得患失；舍得得舍，不妨不舍不得。"想要得到之前，就要学会施舍。当你紧握双手，里面什么也没有；当你打开双手，世界就在你手中，懂得取舍，才能让我们在有限的生命里活得充实、饱满，得之坦然，失之淡然，淡定的人生从学会舍得开始。

1. 幸福就像手心里的沙

握得越紧，失去得越快。很少有人在付出了很多后还愿意放下，正是由于放不下，便越抓越紧。抓住了钱，却失掉了享受，抓住了人，却失掉了自由。幸福不是我们想抓住就能抓住的，幸福就像花的种子。放开手，幸福的花才能开遍心灵的花园。

有人形容幸福是一把沙，握得越紧，失去得越快。为什么会这样呢？我们常常认为，幸福就是得到，得到一个人的心，得到大房子，得到很多钱，得到自己想要的一切。但我们希望得到，也更害怕失去。越在乎，就越怕失去，越怕失去，就越要尝试紧紧抓住。父母紧紧地抓住子女，生怕他们长大后远走高飞，心不在自己这里；女人紧紧抓住男人，生怕他移情别恋；男人紧紧看住女人，生怕她红杏出墙；有钱人紧紧抓住存折，害怕钱财不翼而飞。我们守着人，守着财富，却没有一点幸福的感觉，甚至，怕什么来什么，越怕失去，幸福就越逃得快。

周末的早晨，妈妈正在厨房准备着早餐，4 岁的儿子独自坐在客厅的地板上玩耍。这时，客厅里突然传来儿子的哭声。母亲放下锅就冲出来，发现儿子把手伸进了茶几上的花瓶里。花瓶上窄下阔，瓶口很小，儿子的手伸进去了却怎么也抽不出来了。妈妈很着急，她试着把儿子的小手往外拔，可她只要稍微一用力，孩子就哭着喊“痛”。实在没有办法了，为了儿子的手，就只有一个办法了。那就是将花瓶打碎。她知道，这个花瓶是一个古董，老公花了很多钱才买下的。但为了儿子的手，她还是忍痛将花瓶打破了。

尽管损失了古董花瓶，但看到儿子的小手完好无损，妈妈也很安心。她检查了一下儿子的小手，发现孩子没有一点皮外伤，只是紧握拳头，她让儿子打开手掌，儿子却握得更紧了。是不是抽筋呢？妈妈再次惊慌失措了。

后来，妈妈才知道，原来儿子的手一点问题也没有，他不肯打开拳头，是因为他手心里紧握着一枚硬币。正是为了掏那枚硬币，儿子才将手卡在了花瓶的口内。儿子的手之所以拔不出来，不是因为花瓶口太窄，而是因为他不肯松开握紧的拳头。

小孩子宁可手拔不出来，急得哇哇大哭，也不肯放松拳头。这和非洲猎人抓猴子的故事十分类似。在非洲有一个地方有很多猴子，猎人为了抓到猴子就做了一个箱子，在箱子上开一个仅能伸进猴子手掌大小的洞，箱底放着猴子平素爱吃的食物。猴子看到食物后，就把手从小洞伸进箱子里去，但等猴子握住食物之后，它的手就拿不出来了，因为握着食物的拳头比空拳要大很多。当然，只要猴子扔掉食物就会把手拿出来，但贪心的猴子就是不肯丢掉食物，自然只能乖乖就擒了。

成人当然不会犯这么低级的错误。但并不证明成人就比孩子或猴子聪明多少。我们虽然不会为一枚硬币就把自己困住，但我们也不希望失去钱财和食物，于是，我们被现实的利益紧紧绑住、困住，你抓得越紧，困得就越久，就越逃不开。你害怕一松手，就会彻底失去，但你不张开手，你也一样不快乐。

我们紧紧抓住我们想要的东西，以为幸福就不会溜走，恰恰因为我们抓得太紧，倒把自己紧紧困住。如果你要抓住的幸福对象是一个人，那么你非但抓不住他，他还会远远逃开；你抓得越紧，他逃得越快，逃得越远。因为抓得越紧，就越担心失去，恐惧只会加剧你的痛苦，又何谈幸福呢？更何况，你把幸福错误地放在了手心里，你的拳头握得越紧，容纳幸福的空间就越小，幸福当然也就越来越少了。

有人会问，如果我不幸失去了怎么办？其实，我们连一把沙子都抓不住，又怎么能抓住幸福呢？幸福像一只蝴蝶，张开手，蝴蝶立在你的掌间，在你掌间翩翩起舞，你要是紧紧抓住，你得到的只是一只死蝴蝶。不要害怕蝴蝶飞走，即使飞走，曾经的美好也会留在你的心间，这也好过彻底死去。

很少有人在付出了很多后还愿意放下，正是由于放不下，便越抓越紧，抓住了钱，却失掉了享受，抓住了人，却失掉了自由。我们要明白，幸福不是你想抓住就能抓住的，你再不希望失去，也要学会放手。放手，幸福还可能在掌心，你紧紧握住，它反而会从你指尖溜走。请相信对方，也相信你自己，握紧拳头，里面什么也没有；张开双手，你就拥有了整个世界。

2. 打开双手，世界就在你手中

当我们双手空空地来到人世的时候，上天偏让我们紧攥着手；当我们双手满满地离开人世的时候，上天偏让我们撒开手。其实，在活着的时候，我们就应该学着放手，放掉手里的苹果，你就会得到一棵苹果树。放掉一棵苹果树，你会得到一片果园。放掉一片果园，你就会得到满世界的阳光和雨露。

人总是想，得到的越多越好，失去的越少越好。得之则兴奋不已，舍之则懊恼难当。可是，人生就是这样，你想得到一样东西，便要舍弃另一样东西。正像人想快乐就必须舍弃痛苦一样。有人说，万一我把东西舍出去了，却得不到我想要的怎么办？舍得，舍得，虽然不是每次舍弃都能得到回报，但不舍，你就什么都得不到。而且，舍与得也并不是买卖关系，不是你花10块钱，便能买到10块钱的东西。舍与得在某种程度上说，是一种付出后的幸福感。

飞速行驶的列车上，一位老人不小心将刚买的新鞋从窗口掉下去一只，周围的旅客无不为之惋惜，不料老人毅然把剩下的一只也扔了下去。众人大惑不解，老人却从容一笑："鞋无论多么昂贵，剩下一只对我来说都没有什么意义了。把它扔下去，就可能让拾到的人得到一双新鞋，说不定他还能穿呢。"

真正富有的人，是懂得舍弃的人。每个人无论贫富，吃穿所用的钱都是有限的，财富锁在箱子里，实际上，它既不属于你，也不属于任何人，如果你张开手，打开箱子，这些财富不但不会失去，反而会因为它变得有价值而不断地增值，让你成为更富有的人。

美国的石油大亨默尔曾因心力衰竭住进汤普森急救中心，病愈出院后，他卖掉了价值几十亿美元的公司，并将所得全部捐给了慈善和卫生事业，自己则移居到乡下颐养天年。

1998年，已经80岁高龄的默尔参加汤普森急救中心的百年庆典，有一位记者问他："默尔先生，您当初为什么要卖掉自己的公司呢？"默尔指着刻在医院大厅里美国好莱坞影星利奥·罗斯顿的一句遗言说："是利奥·罗斯顿提醒了我。他说：'你身体很庞大，但你的生命需要的仅仅是一颗心。'"1936年，利奥·罗斯顿在英国演出时，突发心力衰竭被送进了汤普森急救中心，医生使用了当时世界上最先进的药物和医疗器械，但没能挽救他的生命。利奥·罗斯顿的心力衰竭源于肥胖。临终前，他留下了这句遗言，警告世人，多余的财富就像肥胖一样，对人没有一点用处，反而会成为致命的负担。

是的，多余的脂肪会使我们的脏器因负担过重而生病，多余的财富会消耗我们太多的精力去打理，多余的追逐会增加生命的负担。因此，人要活得轻松、快乐、健康，就要学会舍弃生命中的多余。舍得是一种审时度势的大智大慧，两利相权取其重，两害相权取其轻，默尔放弃了财富，获得了健康。从这个意义上来说，“舍”本身其实就是“得”。古人说：“退一步海阔天空。”善于舍弃，主动向后退一步，反而会获得更多的利益，拥有更加广阔的发展空间。

有一天，几个学生建议苏格拉底到集市上逛一逛：“集市上的东西可真丰富啊，想要什么有什么，都是些新鲜玩意儿。如果您去了，一定会满载而归的。”

苏格拉底接受了学生们的建议。等他从集市上回来，学生们围住他，七嘴八舌地问他有什么收获。苏格拉底说：“此行我有一个非常大的收获，那就是，我发现，这个世界上原来有那么多我不需要的东西。”他继续说，“当人为奢侈的生活而奔波的时候，幸福其实已经离他很远了。”

我们之所以举步维艰，是因为背负太重，之所以背负太重，是因为还不会舍弃。有位诗人曾说过：“要想采一束清新的鲜花，就得放弃城市的舒适；要想做一名登山健儿，就得放弃白嫩的肤色；要想穿越沙漠，就得放弃咖啡和可乐；

要想拥有永远的掌声，就得放弃眼前的虚荣。”鱼和熊掌不可兼得，当你决定了自己选择什么，放弃什么以后，便不要后悔，不要瞻前顾后。

生活有时会逼迫你不得不交出权力，不得不放走机遇，甚至不得不放弃爱情，如果一定要放手，就潇洒地放。也许放弃在当时是痛苦的，但既然决定了放手，不管结局如何，我们都要学会坦然面对，轻松上路。

3. 什么都不愿放下，结果什么也得不到

就像做买卖一样，要获得利润，就要付出成本。同样，要获得幸福，就要付出。人不可能永远只是获得，而从不失去，人生就是一个不断“获得”，又不断“失去”的过程，只有把握好舍与得的尺度，我们才能享受真正的幸福生活。所以，在拥有幸福之前，我们要学会的第一件事，就是放下。

俄国作家托尔斯泰写过一则短篇故事：

有个农夫，每天早出晚归地耕种一小片贫瘠的土地，但收成很少。一位天使可怜农夫的境遇，就对农夫说，只要他能不断往前跑，他跑过的所有地方，不管多大，那些土地就全部归他。

于是，农夫兴奋地向前跑，一直跑，一直不停地跑！跑累了，想停下来休息，然而，一想到家里的妻子和儿女，想

到自己需要更大的土地种出更多的粮食来养活他们，他就更加拼命地继续往前跑！农夫跑得上气不接下气，实在跑不动了。可是，他刚想停下来，马上又想到，将来年纪大了，自己和老伴需要更多的钱来颐养天年。于是，他强打精神，不顾已经摇晃眩晕的身体，向前跑！结果，他终因体力不支，“咚”地倒在地上，死了！

人活在世上，为了自己、为了子女、为了有更好的生活，我们必须不断地“往前跑”、不断地拼命赚钱，但同时，我们也必须保持清醒，如果为了钱连命都搭进去了，便等于一无所有！其实人生在世，很多美好的东西并不是我们无缘得到，而是我们的期望太高，往往在刚要接近一个目标时，又会突然转向另一个更高的目标。

人人都渴望得到金钱、事业、爱情、美貌、幸福……但得到的越多，人就越不快乐。这是因为我们没有学会在得与舍之间做好平衡。有得，便会有失，有失也会有得。从来没有只得不失的情况存在。可是，很多人不管得到多少，都永远只为自己失去的那一点感到难过，感到不甘心。一个女人嫁给了有钱人，又嫌有钱人年老不够帅，又有了新欢，她想和新欢结婚，却又舍不得老公的钱。于是，她和情人合谋害死了老公，结局当然是连自己的性命都搭了进去，人财两空。人不要贪心，该是你的，你求；不该是你的，绝不要生一丝贪念。贪婪只会让我们的心越来越丑陋，让我们的面目越来越狰狞，绝不会给我们一星半点的幸福。

村里住着一位老人。每天早上，老人都会挑着水桶去村头的水井挑水。山路两边开着一丛一丛的野花。老人的水桶用得年头太多了，有一只桶底已经烂了一个小洞。遇到这种情况，只需找到铁匠将桶底焊上就好了。但老人却每天挑着破水桶优哉游哉地来往挑水，毫不介意水桶里的水白白流掉许多。一个年轻人见了，就提醒说："大爷，你的水桶漏了，你挑一担水不容易，白白流掉那么多，多可惜，赶紧修一下吧。"

老人呵呵一笑，说："哪能白白流掉呢？你看，我水桶流掉的水不正好落在这些花花草草上吗？你看，它们长得多好，开得多好看呀！我天天都要走这条路，有这些花草陪着我，不是一件很开心的事吗？"

年轻人只看到老人的损失，而老人看到的却是自己的得。在老人看来，他失去的不过是一些水，得到的乐趣却是无穷的。幸福不在别处，就在你的心里，可是很多的幸福可能经不起一滴水的敲打，一滴水的流失就可能令他们不开心。

一个从来不愿意付出的人，却指望自己荒芜的心灵开满鲜花，无异于痴心妄想。我们如果希望自己的人生少一些痛苦、多一些快乐，就要学会正确地看待得失，坦然地面对得失。

4. 舍，就是得；不舍，哪有得

俗话说："将欲取之，必固予之。"在汉语中，舍得舍得，没有舍便没有得，舍中有得，得中有舍。舍在前，得在后，先舍而后得。人生往往就是这样，要想得到一样东西，就必须舍弃另外一些东西。

我们时常听人说："舍得舍得，不舍不得，有舍才有得，要得就要舍。"在现实生活中，当我们要达成一个目标，完成一件事时，第一件要做的事就是考虑怎样舍得。

一只莺鸟看到一艘船上放着一堆刚刚捕上来的鱼，便飞到船边，叼走了一条。一群乌鸦看见莺鸟叼着鱼，便聒噪着追逐莺鸟。莺鸟就拼命地逃跑。可是，鱼太重了，叼着鱼的莺鸟飞不快，乌鸦越来越多，莺鸟无处可逃，无奈，它只好弃鱼而逃。那群乌鸦立刻朝着鱼落下的方向继续追逐，莺鸟如释重负，心想：我身上带着这条鱼，差点连小命都没有了，现在没有了这条鱼，我反而觉得快乐无比。

莺鸟紧急关头，舍掉了鱼，保住了命。这就是取舍之道。哪头重哪头轻？要舍哪头，要得哪头？每个人一生都要面临许多这样的判断与取舍。每个人对该如何取舍都有自己的选择，不能一概而论。有人认为家庭重要，舍事业而顾家庭；有人认为事业重要，舍感情而忙事业。这是个人的取舍，只要自己觉得快乐，就好。人生最怕的是不愿意取舍，不敢取舍，不会取舍。就像熊瞎子掰棒子，掰一个扔一个，总认为前面还有更大的。或者吃着碗里的，惦记着锅里的，或者，希望鱼和熊掌兼得，到最后却什么也没得到。这都是人在取舍时常犯的错误，最后可能什么也没得到，却把自己搞得身心俱疲。

从前，有个农户家里老鼠成灾，于是，农妇就买来一只猫回来捕鼠，没过多久，猫把家里面的老鼠都捉干净了。老鼠没有了，猫就开始咬农夫家里的鸡。农夫的女儿就建议把猫赶出去。但农妇告诉女儿说："我们不能赶走猫。女儿，你要知道，老鼠不但偷吃我们的粮食，还会咬坏我们的衣服。长此以往，我们不但会挨饿，还会受冻；鸡死了，我们顶多没有鸡蛋吃罢了。所以，我们不能赶走猫。"

这就是取舍之道。想得便要有舍，关键要弄明白，该舍什么，该得什么。有人说：成功的人最懂得的就是"舍得"。"舍得"这个词几乎包含了人生所有的真知妙理，只要把握好舍与得的尺度，就等于拿到了人生成功的金钥匙。

第二次世界大战结束后，战胜国开始策划联合国总部的成立事宜。不过，当联合国总部大楼的建设提到日程上时，却遇到了一个大难题。去哪里搞到资金建设联合国的办公大楼呢？在寸土寸金的纽约买下一块地皮，对刚刚成立的联国合来说，无异于天方夜谭。不过，令人感到意外的是，这时，洛克菲勒却发表声明说，财团将出资870万美元，在纽约买下一块不小的地皮，并无偿将其中一块地皮赠送给联合国。

在当时，870万美元可不是一个小数目，美国各大财团和地产商都嘲笑洛克菲勒，说这是"愚蠢"的举动，甚至认为，洛克菲勒家族财团很快就会垮掉。结果却让所有人大跌眼镜，联合国大楼刚刚完工，它周边的地价便立刻飙升起来，源源不断的财富涌进了洛克菲勒家族的钱袋中。

舍得也是一种经营之道。舍得之中，有舍有得，只有舍去，才能得到。人们常说：会生活的人，最懂得的就是取舍之道。舍不得本钱，就赚不到大钱。民间有句俗语说“舍不了孩子套不着狼”，我们中国人对舍得这个问题一直都是很清醒的。

5. 必要的放弃是为了更好地得到

在适当的时候，必要的舍弃是为了更好地得到。当我们发现自己所走的是一条并不幸福的道路时，与其苦苦挣扎，不如勇敢地选择放弃。没有果敢的放弃，就没有辉煌的选择。

放弃，对每一个人来说，是一个痛苦的过程，因为放弃、意味着将不再拥有，但不学会放弃，同样会让我们一无所有。如果你既希望得到成功，又不希望放弃娱乐，在两者兼顾的情况下，你只能做个平庸者。学会放弃自己的弱项，选择自己的强项，放弃次要的，得到主要的，只有如此，我们才能拥有成功的人生。

在美国西部的一个农场，有一个伐木工人叫刘易斯。一天，他独自到森林里去伐木。没想到，一棵大树被他用电锯锯断倒下时，又被对面的大树弹了回来，他躲闪不及，右腿被树干死死压住，顿时血流不止，疼痛难忍。他知道，森林方圆几十里没有村庄，几天都见不到一个人影，指望在自己的血液流干之前有人来相救的希望等于零。所以，他不能等待，只能自救。他摸到斧子，开始砍树，可是没砍几下，斧柄就断了，斧头飞了出去，落在很远的地方。好在他又摸到了电剧，但很快他就发现，大树是竖着倒下的，不但剧不断树干，树干还会把锯条死死夹住，根本无法使用电锯。绝望之际，他头脑中突然产生了一个令他自己都觉得疯狂的想法，那就是不锯树而是把自己被压住的大腿锯掉。虽然这样会令他失去一条腿，而且疼痛的恐惧会让他很难下得去手，但这是唯一可以保住自己性命的办法！很难想象，这个男人居然真的地拿起电锯锯向了自己被压着的大腿……他终于摆脱了大树，虽然失去了腿，虽然伤口在不停地流血，但他却成功地保住了自己的生命。

在腿和生命之间选择，刘易斯选择放弃腿。缺了一条腿，他还拥有生命，拥有生命，便是拥有一切。可是，像刘易斯这样的聪明人并不多。有一句话叫“鸟为食亡，人为财死”，很多人搞不清生命和财富之间孰重孰轻，该舍的不舍，结果连自己的性命都一块搭了进去。这样的事情，在我们的生活中，每天都会上演。贪官的贪污受贿，商人的违法经营，劫匪的以身试法……

1846年10月，多纳尔家族一行87人在前往加州的路上被大雪阻隔，受困在关口里。40天后，有一半人陆续死于饥饿和寒冷，以及由此导致的疾病。直到所有的食物都用尽之后，终于有两个人决定出去求援。几天后，他们徒步到达了一个村庄，并带回一个救援队。

读到这里，你可能会觉得奇怪，既然这么容易就能走出风雪，找到救援，他们为什么不一开始就出去寻找救援呢？

原因再简单不过，他们不愿意放弃身边的财产。他们曾试图将马车和财产拖出关口，但都因为路上的雪太深，寸步难行而作罢。他们都不肯放弃这些财产，而是留了下来，结果有一半人因此付出宝贵的生命。这是一种多么愚蠢的行为。

大多数人都舍不得放弃到手的东西，结果失去了更为重要的东西。因为舍不得多年经营的婚姻，许多男人和女人宁可两个人像仇人一样相待，也要在同一屋檐下生活，结果，他们失去了组建另一个幸福家庭的机会。许多人因为舍不得自己一毕业就找到的但自己并不喜欢的工作，而失去了更多发挥自己能力的机会。

据调查，有28%的成功者都是因为找到了自己最擅长的职业，才把自己的优势发挥到淋漓尽致的程度。相反，有72%的平庸者因为不知道自己的“对口职业”，不甘心却又不得不做着自己不喜欢的工作，又不肯换个地方“打井”，所以，他们只能又痛苦又平凡地过完一生。放弃，也是人生的一道风景。及时为人生掉个头，你会欣赏到另一种精彩绮丽的美景。

6. 舍弃什么都不能舍弃爱

在我们做取舍之前，一定要明确，任何的舍与得，都是有底线的。如果我们放弃了底线，即使你因此而得到整个世界，你也不会开心。

人生在世，我们可以没有钱，可以没有成功，但就是不能没有爱。没有爱的人，生也如同死了。所以，在我们对人生进行取舍之前，一定要记住，舍弃什么都不要舍弃爱。在家人和财富之间，选择家人，在成功和爱之间，选择爱。而我们也常常看到，一些人为了财富，舍弃了家人，背叛了爱情。为了摆脱沉重的生存状态，抛妻弃子者亦有之。这样的人，也不能说他们一点爱都没有，只不过爱抵不过财富的诱惑。在一定要进行取舍时，放弃了最不应该放弃的东西，所以，这样的人，不能够得到真正的幸福。或者说，他们也没有资格得到幸福。

杰布拉疯狂地热爱着艺术，他节衣缩食收集名画，如伦勃朗、毕加索等很多名画家的珍贵作品。不幸的是，杰布拉的妻子因难产而死。不过令他感到欣慰的是，儿子也非常热爱艺术，子承父业地成了一名收藏家。然而，上天却不肯垂怜这个可怜的老人，儿子在服兵役期间，为了保护战友，意外地死在了战场上。

儿子的死对杰布拉来说是一个沉重打击。他终日以泪洗面，在思念中悲伤度日。有一天，家里来了一位年轻人，他说，他就是杰布拉的儿子救下来的战友。他说："我不是个有钱人，没有什么值钱的东西送给您，我凭着记忆为他画了一幅肖像，画得不够好，请您不要介意，请您收下。"杰布拉接过包裹，一层一层地慢慢打开，然后捧着画框，颤抖地走上楼，来到画室，取下了壁炉前毕加索的画，然后郑重地挂上儿子的肖像。

杰布拉老泪纵横地对年轻人说："孩子，这是我一辈子最珍贵的收藏。它是我的生命，它比我所有的藏品加起来都值钱！"

一年后，不能承受丧子之痛的杰布拉去世了，他的藏品都托付给他的律师进行拍卖。拍卖会在新年那天举行。拍卖会上聚集了一大批来自世界各地的收藏家和有钱人。根据杰布拉的遗言，首先拍卖的是他儿子的画像。这幅画起价 100 美元，开始叫价了，遗憾的是，没有人投标。拍卖师问："难道在座的各位就没人愿意对这幅画进行投标吗？"

这时，一个虚弱的老人站起来说："先生，10 美元行吗？10 美元是我的全部家当了。我是杰布拉的邻居，我很喜欢这个孩子，我是看着他长大的。说实话，我确实很想念他，我想买下这幅画，10 美元行吗？"

拍卖师说："行。10 美元，一次；10 美元，两次，成交！"话音刚落，现场立即爆发出一阵欢呼，人们说："嘿，太棒了，现在终于可以拍卖那些名画了。"不过，紧接着，他们又听到拍卖师说："再次感谢各位的光临！很高兴各位能来参加这个拍卖会。今天的拍卖会到此结束！"现场所有人都一脸疑惑，继而群情激奋："这是什么意思？其他作品还没有开始拍卖呢？"

于是，拍卖师告诉众人："根据杰布拉的遗嘱，谁买下他儿子的肖像，谁就是他所有藏品的新主人。这就是底价！很抱歉，各位，所有的藏品都归这位老人所有，拍卖会已经结束了！”

杰布拉拍卖的不是收藏，而是爱。对他来说，儿子才是他一生最重要的作品，爱才是支撑他活下去的全部希望。如果没有爱，所有的财富对他而言，没有一点价值。即使这些藏品价值连城，对死去的杰布拉还有什么意义呢？意义还是有的，那就是，他要把这些东西送给一个有爱心的人流传下去。如果有人能够体会到这位悲伤的父亲的爱，也就会毫不犹豫地买下那幅画作了。当然，对一个不是自己亲人的陌生人来说，一幅画技拙劣的普通士兵的肖像不值一文，实在没有必要买下，但这世上，总有几个人和我们相关，无论你是贫穷还是富有，是健康还是疾病，他们都会一如既往地爱着你。只有这样的人生，才是幸福的，才是值得我们留恋的。

所以，在我们决定舍得之前，先把一样东西好好地珍放在你的心里，不管在任何时候，不管在什么情况下，你都不能舍弃它。这就是爱。只要有了爱这个东西，不管你的人生曾经损失过什么，对你来说，都不值一提。有了爱，你也就拥有财富、成功，和一切的一切。

7. 得之淡然，失之坦然

人生得到的愈多，生命的负担便愈沉重。而我们总要等到真正失去或不得不放弃一些东西时，才会发现，自己真正需要的东西其实并不多。有些东西，有或者没有，并不能给我们的人生造成实质性的影响。有，是锦上添花，没有，也无损于你，得之淡然，失之坦然。

马寅初先生有一句名言：“得意淡然，失意坦然”，所谓得意淡然，就是指在得到晋升、财富、名誉这些身外之物之时，要看淡，不要扬扬得意，忘乎所以。所谓失意坦然，是指在学业、事业、婚姻、家庭、生活等方面遇到挫折时，不怨天尤人，不自暴自弃，能够从逆境中奋起，勇于拼搏，从头再来。

在纽约市的中心公园里，长椅上每天都坐着一位衣衫褴褛的流浪汉。他每天都出神地看着公园对面的一栋别墅。终于有一天，住在别墅里的富翁来到他面前，好奇地问道：“你为什么每天都坐在这里盯着我的房子看呢？”

流浪汉回答说：“是这样的，我每天晚上都要睡在这张长椅上，不过，我每天晚上做梦都梦到住进了你的别墅里。”富翁童心大发，说：“你的梦想今晚就可以成真了。你现在就可以到我的别墅里住上一个月。”流浪汉非常高兴地跟着富翁来到了别墅里。谁知第二天，富翁从别墅的窗口看到了那个流浪汉又坐在了公园的长椅上。富翁十分不解，来到公园里问他：“住在别墅里不是你的梦想吗？你为什么又搬出来了呢？”

流浪汉说：“先生，我十分感谢您为我做的一切。但是，当我睡在椅子上梦到睡在别墅里时，那种滋味妙不可言，可是当我真的睡到别墅里时，我却梦见我又回到了冷冰冰的椅子上，这大大影响了我的睡眠。”

初读这个故事，我们都会觉得这个流浪汉既可怜又可笑。其实，这个流浪汉就是我们人生的写照。不过，可喜的是，这个流浪汉很清楚地知道，幸福只是一种内心的感受，所以，当他发现自己睡在别墅里却梦见自己睡在冷冰冰的长椅上时，为了不影响自己的睡眠质量，他果断地回到了公园里。然而，很多人宁可天天住在不是自己的别墅里心惊胆战，也不愿意搬出去。比如那些住着豪宅的贪官污吏们，甘冒身陷囹圄的风险也不肯过着比上不足、比下有余的舒服日子。比流浪汉更可悲的大有人在。

其实，不管是哪一种生活，都有得有失。我们必须明白，人生得失无常，对已经得到的，要懂得珍惜，但不必得意；对已经失去的，不必痛苦，也不必失意。淡定的人失去的多，但得到的更多，患得患失，是最愚蠢的行为。患得患失的人，就像夏天抱着冰块，冬天抱着火炉，看似拥有，其实，他永远在害怕失去的痛苦中煎熬。

从前有个国王，非常喜欢打猎。有一次，他在打猎时不小心被老虎咬掉了一截小指。国王因此不开心了好一段日子。身边的一位大臣劝解道：“陛下，您少了一截小指，总比丢了性命强多了，想开一些，这些都是上天最好的安排。”

国王听了，气不打一处来，心想，你这不是明摆着说风凉话吗？

于是，他气哼哼地问：“假如我将你关进大牢，你也认为这是上天最好的安排吗？”

"当然。"大臣很淡定地回答说。

"来人，把这个无礼的奴才给我关进大牢里去！"

侍卫立即把这个不知好歹的大臣抓起来，关进了大牢。

过了几天，伤势已经痊愈的国王又到森林中打猎。不料，竟被一个原始部落活捉了去，还被五花大绑架到了一口大锅前。原来，这个部落每逢满月都要下山寻找一个人，作为祭祀神灵的祭品，部落首领下令把国王的衣服全部脱光。

正当国王绝望地等死时，却听到部落首领说："这个人缺了一截小指，不能作为神的祭品。"意外脱险的国王飞马回宫，第一件事就是亲自来到大牢释放那位大臣，并在宫中设宴款待这位大臣。

"你说的果然没错，这一切都是上天最好的安排，要不是断掉一小截手指，我现在连命都没有了！"不过，国王马上又想到了另一件事："你本来并没有犯什么错，却被我无缘无故地关了好几天，难道这也是上天最好的安排吗？"

"当然，"大臣回答说："如果不是陛下把我关进了大牢，这次我一定会陪您去打猎，那么，被当作祭品的人一定就是我了。所以我要向陛下敬一杯酒，感谢您把我关进了大牢，救了我一命呀！"

俗话说，"塞翁失马，焉知非福"。更有一位哲人说，"如果把人一生中的获得和失去相加，得到的结果必然为零。也就是说，人从来到这个世界到离开这个世界，失去了多少，必然也就得到了多少。"

大部分人都能以坦然的心态面对"得"，却不能坦然地面对“失”。似乎得到自己想要的东西是天经地义的，一旦失去，就会感到难以接受。其实，人生的很多得，都可能缘于我们某一次的“失”。因为那一天我错过了火车，却邂逅了你；因为那一天我失去了工作，我不得不重新敲开了另一扇人生的门。月有阴晴圆缺，人有旦夕祸福，人生在世，总是有得有失。既然得失难测，祸福无常，何不豁达洒脱一些呢？得之淡然，失之坦然。

8. 与人分享，生活才更精彩

有一句名言说：“世界上唯一成倍增加幸福的办法是与人分享。”一个并不准备承担付出的人，最终得到的是痛苦和孤独。朋友间的幸福快乐，更多地存在于慷慨的给予之中。

在巴勒斯坦有两个著名的海，它们彼此相邻，却截然不同。一个是淡水海，里面有鱼，名为加利利海。从山脉流下来的约旦河带着跳跃的浪花，造就了这个海。它在阳光下歌唱，人们在周围盖房子、聚居生活。鸟儿在茂密的枝叶间筑巢，每种生物都因它而幸福。

而约旦河又向南，流入另一个海。但这里却没有鱼，没有任何活着的生物，哪怕一棵草。这是为什么呢？

原来，加利利海接受约旦河，但绝不把持不放，每流入一滴水，就有另一滴水流出，接受与给予同在。另一个海则“精明得厉害”，它吝啬地收藏每一笔“收入”，绝不向慷慨的冲动让步，每一滴水它都只进不出。用中国人的话说，一个是活水，一个是死水。加利利海乐善好施，所以，生气勃勃。另外那个只获得而从不付出的，就是死海。

虽然，如今死海因为“淹不死人”而闻名于世，但想来，没有人愿意在死海边上常住。因为人们喜欢能够分享的东西，喜欢能够分享的快乐，喜欢能够分享的人。但前提是，我们自己首先要成为那个愿意分享、喜欢分享的人。不愿意付出的人，他们都被幸福疏远和遗忘。

金钱、土地是财富，阳光、水、空气、树木、花草、爱心，也是财富。凡是大自然赋予人类的一切均为财富，能够充分享受这些恩惠的人，都是富有的人。我们要追求真正的财富，就要遵守富有的法则。这个法则是：世界上唯一成倍增加财富和幸福的办法是与人分享。

即使你拥有金钱、爱情、荣誉和成功，也未必能感到真正的幸福。分享和给予才是幸福的源头。分享可以让我们的幸福感倍增，你对别人笑，别人也对你笑，你帮助别人，别人也帮助你。你有一个苹果，当你将它与别人分享的时候，别人也会回赠你一个橘子，而你们之间因分享换来的友情，更是一份无价之宝。

甚至，分享从某种意义上来说，是一种“长远投资”，是一种交易。分享是为了在我们需要时得到，你平时去帮助别人，也是为自己有难处时也能得到别人的帮助。所以，面对生活中的得失，我们不要斤斤计较，而要学会分享。

贝尔太太在亚特兰大城外买下一座庄园。庄园又大又美，人们情不自禁地跑到贝尔太太的庄园里游玩。年轻人在草坪上翩翩起舞；孩子们在花丛中追逐蝴蝶；老人坐在池塘边垂钓。甚至还有人支起帐篷，打算在此度过浪漫的盛夏之夜。

不过，贝尔太太并不是一个乐于分享的人。她站在窗外看到人们在她的庄园里玩耍，非常生气。这群人怎么可以跑到私人领地来游玩呢？虽然她的庄园很大，游人的到来完全不会影响到贝尔太太的生活，可是，贝尔太太却让仆人在园子外面竖了一块“游人免进”的牌子。可是，人们还是络绎不绝。后来，有人竟然拆走了那块牌子。

不过，聪明的贝尔太太却想出了一个绝妙的主意。她叫仆人制作了一个告示牌，上面写道：“本庄园欢迎各位的到来，不过，为了安全起见，庄园主人特别提醒，庄园内有毒蛇出没，如果有人不慎被毒蛇咬伤，请在半小时内找到医院救治。离此最近的医院在威尔镇，大约50分钟车程。”看到告示的游人望而却步。贝尔太太脸上露出欣慰的笑容。

不过，几年之后，贝尔太太的朋友来庄园看望她时，却发现美丽的庄园一片荒芜。这是因为，偌大的庄园因为走动的人太少，已经杂草丛生，毒蛇横行了。寂寞的贝尔太太已经打算卖掉庄园，因为，这里实在没有一点生气了。她眼前经常浮现出那些来她的园子里玩的快乐游客的歌舞和笑声。

人与人间的幸福与快乐，更多地存在于慷慨地分享之中。一个并不准备承担付出的人，最终得到的是痛苦和孤独。给予并非一定是物质上的，精神上的给予更为重要。我们不仅要同朋友分享快乐，还要同他们分享痛苦。“把快乐和朋友分享，快乐就变成了两倍；把痛苦与朋友分享，痛苦就变成了一半。”

有人说，我身上没有钱，实在没有什么能够同朋友分享的。其实，生活中能够分享的东西很多。为朋友牺牲一点时间，帮他解决一点力所能及的事情，是分享；为朋友的幸运和成功而庆幸，是分享；朋友痛苦时，你耐心地倾听他诉说，是分享。把你无私的爱献给周围的人，他们也会无私地把自己的所有与你分享。这样，你原本只有一份幸福，却因为乐于分享，而变成了两份。

第六章

人生苦短，有什么不可以放下

放下是一种自我解脱，放下包袱，身体就特别轻盈；放下欲望，心灵就会得到放松。你能放下多少，幸福就有多少。

1. 看开，想开，烦恼就会走开

同一件事，看开，天高云淡，看不开，阴云密布。生活，快乐过是过，痛苦过也是过，为什么要选择痛苦的那一种呢？

生活中会有很多的“看不开”：有人说，我能力很强，论才学，论能力，身边的好多人都赶不上我，可是这些不如我的人，好多都出人头地，升官发财的也有不少；有人说，我在单位工作做得最卖力，可是一到涨工资、评职称时就没我的份儿；还有人说：我 3 岁死了娘，5 岁没了爹，好不容易长大了，想找个老婆过日子，可是是个女人就看不上我……难道我生来就是走霉运的命？凭什么好处都在别人那里，我连点汤水都捞不着？

两个工作不如意的年轻人一起去向师父诉说自己的苦恼，请师父给自己指条明路：“我们在办公室被老板责骂，实在太痛苦了，求师父明示，我们是不是要辞掉工作？”

师父闭着眼睛，隔半天，只吐出 5 个字：“不过一碗饭。”

两个年轻人恍然若有所悟。回到公司，甲就递上辞呈，回家种田了，乙则留在公司安心工作，不再有辞职的念头。

转眼 10 年过去了。回家种田的甲因为科学经营，成了小有名气的农场主。留在公司的乙也不差，他忍着气，努力工作，没几年也升了职，加了薪。有一天两个人遇到了，甲问乙：“师父当初给我们 5 个字，我一想，不过一碗饭嘛，何必在别人手底下受闲气？所以我立马就辞职回家种地去了。你当时为什么没听师父的话呢？”

“我也听了师父的话了呀。师父当时说，不过一碗饭，我一想，左右不过是为了挣碗饭吃，少赌气少计较就成了！所以我就留下来，忍气吞声，却没想到慢慢也有了些起色。”

其实，师父并没有给他们一个固定的答案，因为无论辞职也好，继续工作也好，这些都不是两个人烦恼的根源，也不是摆脱烦恼的方法。种地也好，继续留在城里上班也好，只要看开了，都不过是人生的一种选择罢了。关键只在于，我们选择后，就安心于自己的选择。甲安心种地，乙安心工作，因为安心，因为不再计较，所以快乐。正如两个旅行的人，一个去了欧洲，一个人去了非洲，两个人看到了不同的景色，至于哪种景色更好看，全在个人的喜好。如果你听去了欧洲的人说，欧洲比非洲更好玩，你便后悔自己的选择，心不安，心不安人就不快乐。

什么事看开了，想开了，烦恼也就没有了。至于怎么样看开，怎样看透，各人有各人的因缘，强求不得。马云有这样一句话："男人的胸怀是委屈撑大的，受的委屈越多，胸怀越大。"这就是看透了。生活就是不断地受委屈，如果一个走上社会的人经过几年之后还是一点委屈都受不了，受点委屈就念念不忘，那除了不开心，实在没有别的办法了。上了年纪的人没有年轻人那些血气方刚，遇到事情也不再冲动，这就是受挫多了之后看开的表现。人都要经历这个过程。

心放宽，眼看开，人生中，的确会有许多不可避免的伤痛，如果任其在心底慢慢累积，就会让我们抑郁烦闷，无法抒怀。只要及时看开，解开心结，生活的每一天都将是阳光灿烂的。

想不开、看不开的意念，就像眼前有一片小小的树叶，遮住了所有的阳光。这样的黑暗是自己造成的。人应该知道的是：为何而生，为何而死；人应该决定的是：如何生存下去。如果到了决定如何而死时，则不能不做"重于泰山或轻于鸿毛"的考虑。当我们遇到一些令人沮丧的事情时，我们应该移开眼前的屏障，看阳光普照大地。给自己一点时间，因为时间是最好的药剂，能够治愈任何创伤。

真正看开的人，生死祸福等闲视之。有道是万物方生皆有死，这是生命的自然规律。一个人的生是遵循自然界运动法则而产生的，而一个人的死也是生命历程的自然终结，它是世界万物转化的结果。生好像是浮游在天地之间一样，死则恰是休息于宇宙怀抱之中，这一切实际上是不应该有什么大惊小怪的，生也罢，死也罢，都是正常的。生又何欢，死又何惧，生死并没有什么可怕的。

庄子快死时，他的弟子开始商量后事，庄子得知后，对弟子们说："我死了之后，你们就把我扔到荒郊野外好了。以蓝天做棺椁，以太阳和月亮做我的殡葬品。这就是对我最隆重的厚葬了。"

弟子们说："这可不行呀，老师，万一乌鸦把您给吃了怎么办？"

庄子说："扔在野地里你们怕乌鸦、老鹰吃了我，那么埋在地下就不怕蚂蚁吃了我吗？你们把我从乌鸦、老鹰的嘴里抢走送给蚂蚁，为什么那么偏心眼呢？"

庄子因为真正地看开了生死，才能对自己死后做如此幽默的安排。我们如果能像庄子这般把生看得开，把死悟得透，也就不会因为人生的得失而看不开、放不下了。

2. 放下欲望，享受当下的恬淡生活

幸福与金钱并没有必然的联系。幸福只是一种身体和心理的愉悦感受，是身心的一种舒适和自由状态。如果我们仅仅把金钱的多少等同于幸福的大小，那么，我们就会发现，无论你有多少钱，都无法真正幸福。

詹姆斯是美国哥伦比亚大学的哲学系博士，为了完成他的毕业论文《人的幸福感取决于什么》这一课题，他向市民

随机派发出了一万份问卷。问卷中有五个选项：A 非常幸福，B 幸福，C 一般，D 不幸福，E 很不幸福。

从收回的 5200 余张有效问卷中，詹姆斯挑出 121 位认为自己“非常幸福”的人，对他们做了详细的分析调查。他发现，这 121 个人当中有 50 人是这个城市的成功者，他们的幸福感主要来源于事业的成功；而另外的 71 人，有的是普通的家庭主妇，有的是种菜的农民，有的是公司里的小职员，甚至还有领取救济金的流浪汉。那么，是什么原因让这些普通人有如此高的幸福感呢？通过交流，詹姆斯发现，这些人对物质生活没有过高的期望，他们平淡自守，安贫乐道，很享受柴米油盐的平常生活。

于是，詹姆斯对幸福做出了如下定义：“世界上有两种人最幸福，一种是淡泊宁静的普通人，一种是功成名就的杰出者。如果你是平凡人，你可以通过减少欲望的途径来获得幸福。如果你是杰出者，你可以通过进取拼搏，获得事业的成功而达到更高层次的幸福。”

10 年后，詹姆斯已经是哥伦比亚大学的哲学系教授。他的学生爱德华在做毕业论文时，也选了一个与詹姆斯当年十分类似的题目——《幸福的源泉》，詹姆斯对此很感兴趣。他把当年那 121 人的联系方式又找了出来，让爱德华去进行调查。

几个月后，调查结果反馈回来了。当年那 71 名平凡者，除了两人去世以外，收回了 69 份调查表。10 年来，这些人的生活发生了许多变化，他们有的已经跻身于成功人士的行列；有的一直过着普通人的生活，没有什么改变；也有的人身染疾病，或者因为某些意外生活十分拮据。唯一没变的是他们对幸福的选项，不管境遇如何，他们无一例外地仍然认为自己非常幸福。而那 50 名成功者却发生了很大的变化。只有 9 人事业一帆风顺，仍然选择了“非常幸福”。有 16 人因为事业受挫而选择了“痛苦”或者“非常痛苦”。

据此，爱德华得出结论说：所有靠物质支撑的幸福都会随着物质的失去而消失，只有心灵的淡定宁静所带来的身心愉悦，才是幸福的真正源泉。

《南方周末》曾经对“人均拥有财富为 22.02 亿元人民币”的国内顶尖富豪进行过一次调查，结果有 70% 的富豪认为财富给自己带来了“不安全感”，不是快乐，而是害怕和担心。生活幸福与否，与金钱和财富没有任何关系，当然，这并不是叫我们从此就安贫乐道，而是说，人如果想真正幸福，就不能仅仅依靠物质本身来获得。不因物质的失去和得到而影响幸福指数的幸福才是真正的幸福。欲望是无止境的，凡是物质财富都可能会减少、失去，如果一个人一辈子都被物质牵着走，就会患得患失，就不会有真正的幸福感。

幸福和金钱、地位没有必然的关系，欲望只会让我们在不幸的泥潭里越陷越深。明明有着幸福的家庭，我们还是觉得不够，直到自己失去健康、失去亲人的时候，才恍然，原来，幸福只是能够和亲人在一起，原来，幸福只是每天健健康康的。太多的钱，真的不重要。能赚更多的钱诚然好，赚不到，也不必因此就失去幸福感。当你穿着短裤和拖鞋在楼下散步时，你的幸福感绝对不会比匆匆往酒会上赶去应酬的富人更少。

很多人觉得拥有金钱就等于拥有幸福，因为钱可以帮助我们达成很多意愿，可以让我们的生活更舒适。但金钱并不是我们幸福的唯一法宝。俗话说，钱可以买到房子，但买不到家；钱可以买到床，但买不到睡眠；钱可以买到钟表，但买不到时间；钱可以买到书本，但买不到知识；钱可以买到职位，但买不到尊敬；钱可以买到药品，但买不到健康；钱可以买到血液，但买不到生命；钱可以买到婚姻，但买不到爱情。金钱和幸福不能画等号。幸福是发自内心的感觉，在于我们的体会，而不取决于财富。

3. 放下包袱，让心灵轻装前行

人生中有太多的负担，名誉、地位、荣耀、财富，甚至伤痛，现代人常常感叹：人活着，真是太累了！累了就放下吧，你觉得什么让你疲劳，就放下什么。放下包袱，我们才能摆脱那些不必要的羁绊，轻松上路，才能走出人生困惑，找到一个更加快乐的自己。

人生的幸福与苦恼也无非是衣食住行、功名利禄，过多的欲望折腾着自己，总想找到一个出口，然而却不断地迷路。就算偶尔兴奋也只会是小人得意的浅薄，欢笑之后的痛苦只有自己品尝。当你舍弃浮华，放下包袱，轻松上路的时候，你会感受到从来没有过的开心与自在，这就是简单与质朴的生活，每一个人都应该好好去享受。

就是一张纸，举的时间久了，人都要受不了，更何况是生活中一个又一个不顺心的事，那何止是那几千张纸的重量。人如果不学会放下，一张纸的压力也会把你压倒。有人会说，你没遇到我的事，你遇到我遇到的那个事，一样会受不了。但受不了，不等于放不下。既然举不动它，为什么不放下呢？你扛着麻包，说，这是没办法的事，因为你要养家，你扛着你的失败和痛苦，又做什么呢？你根本不需要它们。你说，虽然我不想要它们，可它们还是来了。扛着麻包，我可以放下来休息一下再扛上去，可是失败和痛苦你能不能放下来一会儿再扛上去呢？你肯定说，不能。虽然不能，但是，你却可以把它们像丢垃圾一样处理掉。

人生就像是一场旅行，每个人都希望自己的旅程是快乐的，是轻松的，那唯一的办法，就是放下包袱，丢弃多余的负担。什么是多余的负担呢？有些人为了自己轻装上路，把责任和道义扔下，这是一种错误的取舍。只有那些与当下无关的痛苦与忧伤，那些我们再也用不到的或多余的财物，才是负担。而人的职责、人性、正义这些，即使有千斤重也绝不能将它们从肩上卸下。除了这些，人生再没有更重要的东西，即使你此刻一无所有，对你的人生也毫无影响。放下也许会有遗憾，会有伤感。但是却会让我们生活得更加淡定和安然。

我们背着理想、感情、责任和道义，忙忙碌碌，疲于奔波，不能停步，不敢懈怠，也不敢轻言放弃，于是，身上的包袱越来越多，越来越重。如果我们不适时地放下一些东西，那么，最终会压得自己身心疲惫，劳累不堪。

放下了，也就轻松了，可是，在我们的现实生活中，放不下的事情多之又多。

有一个叫《蝜蝂传》的寓言，讲了一个很耐人寻味的小哲理：

蝜蝂是一种喜爱背东西的小虫子。它在路上爬行的时候，只要遇到东西，总是抓过来就背到身上。它的背很粗糙，因此东西堆上去不会散落，东西越背越重，但它即使累得爬不动了，也不肯扔掉背上的东西。有人可怜它，替它去掉背上的东西。可是蝜蝂只要还有一点力气，就会把东西再背上去。它还非常喜欢往高处爬，用尽了力气也不肯停下来，结果常常摔死在地上。

很多人就像蝜蝂一样，喜欢把什么都背在背上。别人无意中说的一句坏话，看他的一个不太友善的眼神，都会压在他的心头，动不动就翻出来体味一番，抱怨一番，痛苦一番。这样的人怎么会快乐呢？

常言道："举得起放得下的是举重，举得起放不下的叫做负重。"生活是无奈的，有时它会逼迫你不得不交出你不想失去的东西。比如你深爱的人决意要离开你，比如你必须离开喜欢的工作岗位。你以为失去了它们，你的人生从此将一无所有，灰暗无光，这是因为你没有放下。放下不等于放弃，放下也并不意味着失去。放下，意味着你的人生将重新开始。放下昨天的感情，意味着我们将获得另一段更为真挚的感情。放下昨天的事业，意味着你将重新开始另一份更适合你的事业。

明明已经不快乐了，为什么还不放下？因为贪心的本性使然，因为害怕放下便一无所有，因为你曾经为之付出太多的努力。但无论哪种原因，如果你意识到自己已经不适合再背负着这些东西，甚至你的身体已经向你发出警告时，你再不放下，就晚了！

有人会说：我为什么要放下，感情是我用很多付出争取来的，钱是我用汗水赚来的，这一切的一切，都来之不易！可是，如果它们已经让你感到身心疲惫时，你认为你再背着它们令你喘不过气来时，你觉得这些得之不易的东西对你来说还有幸福可言吗？如果没有了，为什么不放下？就像一堆发霉的食物，就算是你从天上摘下来的蟠桃，你也得把它们扔到垃圾桶里。再好的东西，如果它们已经压得让你喘不过气来，也不过是垃圾一堆。放下吧，放下昨天的荣誉，昨天的痛苦，昨天的成功。

4. 有时，太过于执着也是一种错

我们经常说做事情要从一而终、坚韧不拔，但当你遇上不可以改变的事情时，继续坚持，只会让自己更加狼狈不堪，甚至无功而返。这时候，你就要试着想想，放弃，也许会柳暗花明也说不定。

人生不能没有追求，执着是一种美丽。“宝剑锋从磨砺出，梅花香自寒苦来。”历尽千辛万苦获得的成功值得珍惜，苦尽甘来的喜悦值得细细品味，但是人生也不能没有退步。勇往直前、百折不挠固然可喜，但有限的生命难以承受太多的重量，人生不可能永远负重前行。

人生总有我们完成不了的事情，达不成的目标，不要觉得很挫败，其实，也许换个角度，拐个弯，人生就另有一番风景。有一个女人，老公要和她离婚，她死活不离，两个人僵持了很多年，最终还是离了。不久，女人又找到了自己的爱情，这个男人爱了她许多年，一等到她离婚，他马上开始追求她。现在的老公对她非常好，她也很爱他。女人后来说，真后悔自己当初的执着，不和前夫离婚，一来是为争口气，二来是真的很爱自己的前夫，放不下。现在，她终于得到了属于她的幸福。其实，真正的幸福有时候就是一个转身。与其守着一个并不幸福的婚姻，倒不如早点放手好，也许放手还能找到更好的爱情。

那么，到底什么时候才能放弃呢？因为一点小小挫折就放弃目标的人太多了。这些人自以为新的目标会让自己更幸福，更容易成功。其实恰恰相反，真正成功的属于那些在一个目标上长久坚持下来的人。放弃执着，不过是让现代人放弃执念，在你感到痛苦时，放弃那些令你痛苦的事情，比如仇恨、名利。

著名主持人王小丫曾经主持中央电视台的一档节目叫《开心辞典》。主持人王小丫总是面带微笑问参与者："继续吗?"如果继续就有两种结果，一个是成功，接着往前进；一个是失败，退回到你原来的起点。不进则退，不可能让你还能保持住已经取得的成绩。答对 12 道题的人并不多。但是，很多选手都是一直往前，有好多人已经答对了第 8 道题，但因为一次失误，又回到了从前的点数。

那天，一个答题的人一直很幸运，一路到了第 9 道题，当他把自己所有设定的家庭梦想都实现后，王小丫问："继续吗?"

"不。"他说，"我放弃。"看到这里，很多观众都是一愣，主持人王小丫也一愣。因为很少有人放弃，那是在全国电视观众面前，失败或成功都可以理解，本来就是一场智力加机遇的游戏，但他放弃了。

王小丫继续问他："真的放弃吗?"而且一连问了三次。他连犹豫都没有，然后点头，真的放弃。"不后悔?"王小丫问。他笑着说："不后悔，因为应该得到的已经得到了。"

最终，他只答了 9 道题，没有接着冲向完美的 12 道，但是他说，已经很满足了，因为人生有许多东西必须放弃才会得到。

另一个男主持人问他："如果将来你的孩子长大后问你，爸爸，那天在《开心辞典》你为什么放弃了？你会怎么说?"

他说："我会告诉他，人生并不一定非要走到最高点。"

主持人说：“那你的孩子如果问，那我以后考80分就满足了你怎么说？”

他笑着说：“如果他觉得高兴，如果他付出自己应该付出的努力，那么我认同。”全场响起了热烈的掌声。

这个人认为，我来到这里，我的目标是50万，我已经得到了50万，如果再前进，我有可能得到100万，但也可能连手中的50万也一同失掉。欲望是有风险的，是为更大的目标放弃眼前，还是维持现状放弃前进？这是人生的一种取舍，做不同的选择，就会有不同的结果。很多人都抱着侥幸心理，为了更大的欲望而放弃了已经到手的一切，但结果往往是赔了夫人又折兵。

诚然，要成就一项事业，离不开专一执着、持之以恒的韧性，但只知固守，有时也会演变成为执拗，变成“一条道儿走到黑”式的顽固。“条条大道通罗马”，迈向成功的路并非只有一条。明明发现走进了死胡同，面对绝境，难道就不能勇敢地放弃，重新选择？这时，变一变，眼前就会出现“海阔天空”的景象！

5. 坦然面对成功与失败

面对失败的局面，你勇敢，困难便退却；你懦弱，困难就变本加厉地欺负你。因此，只有勇往直前才可能成功，而懦弱注定会失败。

在日本有一个学业优秀的青年，去一家大公司应聘，结果名落孙山。这位青年得知这一消息后，深感绝望，顿生轻生之念，幸亏抢救及时，自杀未遂。不久传来消息，他的考试成绩名列榜首，由于统计出了差错，所以，才误报了成绩。之后，公司派人来通知他被录用的消息。不过，这个青年还没等从好消息中回过神来，又接到了公司解雇他的消息。理由是一个人连如此小的打击都承受不起，又怎么能在今后的岗位上应付更大的难题呢？

不知道这个青年将如何面对这次货真价实的解雇。的确，连一次小小的面试失败都承受不起的人，还谈什么成功？一些能力优秀的人，认为自己能力超群，自然应该出人头地，做龙做凤，目标达不成时，便会受不了，以为是这个社会不公平，有人嫉妒自己的才能，刻意打压。如今，优秀大学生自杀的消息屡见报端。他们从小到大都顺风顺水，以至于经受不起一点小挫折，有了挫折后便一败涂地，甚至选择轻生。

为什么会这样，为什么他们会把成功或失败定义在一次无足轻重的结果上？高考失利要轻生，考试不及格要轻生，被人嘲笑要轻生，找不到好工作还是要轻生。好像人生因为这点挫折从此便没有了任何意义一样。那些不愿意面对失败的人，往往都是非常聪明的人，他们不缺少头脑，却缺少面对挫折的勇气。他们自认为已陷入绝境，只知道悲观失望。

有一位立志从事电影事业的年轻人，带着自己的剧本走遍了好莱坞所有的电影公司，他拜访了整整 500 家电影公司，却没有一家愿意拍他的剧本。不过，当这个年轻人从被拒绝的最后一家电影公司出来之后，他又从第一家公司，开始了第二轮拜访。第二轮拜访也以失败而告终，第三轮的拜访仍然没有任何起色。但这位年轻人没有放弃，套上唯一的一套旧西装，他又开始了第四轮拜访。当他走到第350家电影公司时，老板让他留下了剧本，回去等消息。几天后，年轻人终于等来了第1849次拒绝后的好消息。这家公司不仅决定投资开拍这部电影，还请他担任剧本中的男主角。这部电影名字叫《洛奇》，这位年轻人的名字叫席维斯·史泰龙。

常言道："留得青山在，不怕没柴烧。"淡定的人，面对失败，不会悲伤，面对成功，也不会过分得意。因为他相信自己的人生价值，并不因谁的肯定或否定就存在或者失掉，自己的幸福并不因为一次的成功或失败就被改变。

那些成功的人们，如果当初都在一次次人生的挑战面前，因恐惧失败而退却，放弃尝试的机会，就不可能成功。没有勇敢的尝试，就无从得知事物的深刻内涵，而勇敢地去做了，即使失败，也由于对实际痛苦的亲身经历，而获得宝贵的体验，从而愈发坚强，愈发有力，愈接近成功。

6. 放下烦恼之心，享受当下生活

没有烦恼的人是不存在的，当然也是不完整的。再快乐的人也会有烦恼。即使小孩子也有烦恼，甚至神仙也有烦恼。其实，烦恼这东西说有就有，说没有就没有，关键看你能不能放下。

有些人听到别人讲一句自己不欢喜听的话就要往心里去，看到别人做一件自己不高兴的事也要烦恼生气。这些不良情绪堆积起来，就变成了烦恼。烦恼时时萦心，无论你怎么赶也赶不走，这是很多人的体会。在佛教里，烦恼就叫“无明”，烦恼来了，生活就变得诸事不顺，心情郁闷，看什么都不顺眼，老想和亲近的人发火。

烦恼从哪里来？有时是受外界引发而来，例如听不惯别人的话，看不惯别人的作风，疑惑、嫉妒、猜疑、虚荣等，都可以引发我们的烦恼。孩子看到别的孩子有手机、有玩具、有名牌衣服，他没有，也会烦恼。

所谓“天下本无事，庸人自扰之”，烦恼都是自己找来的。有的人说话说错了，被人家怪，当然要烦恼，有的人自己做错了事，自然要被人家怪，他也不开心。

1945 年 3 月，罗勒·摩尔等 87 位军人在贝号潜艇上执行任务。当时发现一支日本舰队正往他们的方向开来，于是他们就向其中的一艘驱逐舰发射了 3 枚鱼雷，但都没有击中，这艘舰也没有发现他们的攻击。但当他们准备攻击另一艘布雷舰的时候，这艘布雷舰突然掉头向潜艇开来，可能是一架日本飞机看见了这艘 18 米深的潜艇，用无线电告诉这艘布雷舰的。

他们立刻潜到46米深的地方，以免被日方探测到，同时也准备应付深水炸弹。他们在所有的船盖上多加了几层栓子，3分钟之后，突然天崩地裂。6枚深水炸弹在他们的四周爆炸，他们沉入水底深达84米的地方，都吓坏了。

按常识，如果潜水艇受到攻击，深水炸弹在离它5米之内爆炸的话，差不多是在劫难逃。罗勒·摩尔吓得不敢呼吸，他在想："这回完蛋了。"在电扇和空调系统关闭之后，潜艇的温度升到近40摄氏度，但摩尔却全身发冷，牙齿打战，直冒冷汗。15小时之后，攻击停止了，显然那艘布雷舰把炸弹用光后就离开了。

这15小时的攻击，对摩尔来说，就像有1500年。他过去所有的生活都一一浮现在眼前，他想到了以前所干的坏事，所有他曾担心过的一些很无聊的小事。他曾经为工作时间长、薪水太少、还有多少机会升迁而发愁；他也曾经为没有办法买幢房子，没有钱买部新车子，没有钱给妻子买好衣服而忧虑；他非常讨厌自己的老板，因为这个老板常给他制造麻烦；他还记得每晚回家的时候，自己总感到非常疲倦和难受，常常跟妻子为一点小事吵架；他也为自己额头上的一块小疤发过愁……

摩尔说："多年以来，那些令人发愁的事看来都是大事，可是在深水炸弹威胁着要把我送上西天的时候，这些事情又是多么的荒唐、渺小。"就在那时候，他向自己发誓，如果他还有机会见到太阳和星星的话，就永远不再忧虑。在潜艇里那可怕的 15 小时，他所学到的，比他在大学读了 4 年书所学到的要多得多。

人生不会永远是晴天，但也不会永远都阴云密布。学会放下烦恼，就要平静地接受现实。心的负荷太重了，就要把包袱拿下去。只有放下烦恼，将微笑留在脸上，你才会发现好心情和你如影随形。人生苦短，不快乐是一天，快乐也是一天，为什么不让自己快快乐乐的呢？

第七章

不计较，快乐不是拥有的多

一个人之所以快乐，并不是因为他拥有的多，而是源自他计较的少。过多是一种负担，也是另外一种失去；少并不意味着不足，或许是另外一种拥有。我们之所以会心累，就是常常徘徊在坚持和放弃之间，举棋不定；我们之所以会痛苦，就是追求的太多；我们之所以不快乐，就是计较的太多，不是拥有的太少。

1. 快乐不在于拥有的多，而在于计较的少

并不是拥有的多了，快乐就多了。快乐，是因为计较的少。心怀淡定，贫穷的生活也会过得丰富多彩。一本书、一杯茶、一盘棋、一场电影、一个电话……只要我们用心去发现、去品味，人生处处都有美景、心中时时都有幸福！

“计较”无关宏旨，却关乎我们的幸福指数，计较越多人就越不快乐。但为什么还有很多人喜欢在小事上计较呢？一来，计较是我们太过于看重得失的表现，二来，在小事上计较常被人看作是精明的一种表现。我们从小就在“越计较越精明”“多计较少吃亏”这种意识的引导下，慢慢养成了计较的习惯。

你从来不吃小亏，你总能买到比别人买到的更便宜的东西，在单位从来没有人敢占你的便宜、敢欺负你，你觉得你不好惹。所以，计较，也可能给人造成一种心理满足的假

象。可是，这样的你真的幸福吗？

美国心理专家威廉曾经是一个很会精打细算的人。他知道华盛顿哪家袜子店的袜子最便宜，甚至知道哪家快餐店能多给顾客一张餐巾纸……威廉曾以此为自豪，甚至经常向身边的朋友传授自己的“计较”之道。不过，30 岁之前的威廉经常上医院，病魔缠身的他无论如何也开心不起来。32 岁时，威廉悟到了什么，于是开始了关于会算计者的研究。

威廉以多年的研究成果、大量的事实证明：太会算计会影响人的身心健康，喜欢算计的人 90% 以上患有心理疾病，甚至因此而生病，缩短寿命。原因如下：

（1）爱算计者往往事事计较，常处于焦虑状态；

（2）爱算计者容易对人产生不满和愤恨，人际关系不好；

（3）太爱算计者总是在发现问题、发现错误、处处设防，因此内心灰色的时候多，开心的时候少；

（4）太会算计者往往想得太多，很难轻松地生活，还会因为过分算计而引来祸患。

威廉的研究还表明：太能算计的人心率一般较快，睡眠不好；消化系统遭到破坏；免疫力下降；易患神经性、皮肤性疾病。

没有一种生活是完美的，也没有一种生活会让一个人完全满意。太过计较，你就会觉得自己处处不顺，处处不满，生活就像牢笼一般。其实人活着本身就是最大的幸福，哪有那么多的计较呢？就算你天生是个衰人又能怎么样？去看看身边，有多少比你更不幸的人，你没有鞋子，他却没有脚，你还有什么觉得不满足的呢？何苦为了小事斤斤计较。当不了官，至少工作还不差，钱赚得不少；工作差，钱赚得少，至少还有个好身板；身体不好，至少，咱还活着；只要想办法，就总能从生活中抠出几许快乐来。

当然，不计较不等于不争取，生活该争取的还是要争取，比如涨工资，我工作最出色，为什么没有我的份？当然要争取。争取不到也不用天天怨天尤人搞得自己很被动。

生活中，我们会发现，能够获得成功的人，无不是“小事糊涂，大事计较”的人，而那些爱计较小事的人，往往是“小事精明，大事糊涂”。一个天天只想着怎样占别人一毛钱便宜的人，你指望他能做大事吗？人的精力和时间都是有限的，如果对小事计较得过多，对大事的注意力和处理能力必然淡化，甚至根本无暇顾及了。

李教授还是单身汉的时候，和几个朋友一起住在一间小屋子里。尽管生活非常不便，但是，他一天到晚总是乐呵呵的。有人问他：“那么多人挤在一起，连转个身都困难，有什么可乐的？”李教授说：“朋友们在一块儿，随时都可以交流感情，这难道不值得高兴吗？”

过了一段时间，朋友们一个个相继成家了，先后搬了出去。屋里只剩下了李教授一个人，但是他每天仍然很快活。那人又问：“你一个人孤孤单单的，有什么好高兴的？”

“我有很多书啊！一本书就是一个老师。和这么多老师在一起，时时刻刻都可以向它们请教，这怎能不令人高兴呢？”几年后，李教授成了家，搬进了一座很旧的老楼里，他家在一楼，楼上老是有人往下面泼污水，丢死老鼠、破鞋子、臭袜子，但李教授还是一副自得其乐的样子，有人好奇地问："你住这样的房子，也感到高兴吗？"

"是呀！你不知道住一楼有多少妙处啊！比如，进门就是家，不用爬很高的楼梯，搬东西方便，不必费很大的劲儿……而且，可以在空地养些花，种些菜。这些乐趣呀，数之不尽啊！"过了一阵子，李教授有个腿脚不方便的朋友跟他调换了房间，他从底层搬到了顶层，李教授也很高兴，说每天爬爬楼梯，顺便就健身了！

其实，明眼人都看得出来，李教授的生活很苦，但是，这些心明眼亮的人却都没有想到另一个问题：一个人不开心能够改变自己的处境吗？一个人所处的环境再差，是否就一点快乐都没有呢？当然不是。住平房时，不用爬楼梯，在门口还能种种花，种种菜；住高楼时，一眼望到很远，视野开阔。房子小时，温暖，不用擦很多地板；房子大时，可以有自己的书房，享受独自的快乐……每个人都可以追求更高品质的生活，但如果因此而忽略了你眼前所拥有的快乐，忘记享受当下的快乐，那将是非常愚蠢的。

2. 不要为小事斤斤计较

计较是幸福的天敌。如果你生活中总是比别人多很多烦恼，聪明的你就要停下来想一想，到底是因为什么？也许，是因为你身边有一个同样喜欢斤斤计较的人，也许，是因为对别人太过于斤斤计较。如果是别人，就要问问自己，我不跟他计较会不会活得快乐些？

2000多年前，雅典政治家伯利克里就忠告我们："请注意啊！我们太多地纠缠于一些小事了！"生活中，每天都充斥着数不清的琐碎杂事，即使是大人物也是如此。小事无处不在、无时不有，如果过多地拘泥、计较小事，那么人生就没有什么乐趣可言了。挤公共汽车时，有人不小心踩了你的脚；买菜时，有人无意间弄脏了你的衣服；走在路上，说不定空中飞过一只小鸟，拉一点温热的鸟屎在你头上……每天都会有很多琐碎的事情发生，如果你斤斤计较，不停地抱怨下去，你的心情就会越来越沮丧。

明朝年间，有个叫张英的人在朝为官。老家桐城的老宅与吴家为邻，两家府邸之间有个空地，供双方来往交通使用。后来邻居吴家建房，要占用这个通道。张家不同意，双方将官司打到县衙门。县官考虑纠纷双方都是官位显赫、名门望族，不敢轻易了断。

在这期间，张家人写了一封信，给在京城当大官的张英，请他出面干涉此事。张英收到信件后，给家里回信中写了四句话：

"千里来书只为墙，让他三尺又何妨？万里长城今犹在，不见当年秦始皇。"

家人读罢，领会了张英的用心，主动让出三尺空地。吴家见状，觉得很不好意思，也主动让出三尺房基地，这样，两家之间就形成了一个六尺的巷子。邻里礼让之举自此传为美谈。

不过，喜欢计较的人大多都不认为自己喜欢计较，相反，却认为对方太过计较，揪着你不放，凭什么他跟你较真，占你的便宜？看咱俩能拧得过谁？就像两头斗牛，瞪着红眼，你不让我，我不让你，就此杠上了。你赢了，扬扬得意，他赢了，你心里不爽。其实，就算你是赢家，那较劲的过程真的很享受吗？有多少人是弄了一身伤才赢得了这场斗牛比赛的？

如果张英依仗自己的权势让吴家丢了面子，吴家大概会以更厉害的手段挽回面子，或许又会搬出朝中的哪个势力，哪怕只是给张英穿穿小鞋……所谓人为一口气，但这气，太小气，很多人就为了一口小气，最后搞得自己累，别人累，大家累，谁也得不了便宜，谁也顺不了这口气。谁是赢家？如果谁能够大度地说，“算了吧，何必为这些鸡毛蒜皮的小事计较”，他就是最后的赢家。

在非洲大草原上，有一种极不起眼的动物叫吸血蝙蝠。这种蝙蝠靠吸食动物的血生存。它身体很小，却是野马的天敌。它常附在马腿上，用锋利的牙齿极敏捷地刺破野马的腿，然后用尖尖的嘴吸血。无论野马怎么蹦跳、狂奔，都无法驱逐这种蝙蝠。蝙蝠却可以从容地吸附在野马身上，落在野马头上，直到吸饱吸足，才满意地飞去。而野马常常在暴怒、狂奔、流血中无可奈何地死去。动物学家们在分析这一问题时，一致认为，吸血蝙蝠所吸的血量是微不足道的，远不至于让野马死去，野马的死亡是它暴怒的习性和狂奔所致。

与野马类似，生活中，将许多人击垮的或许并不是那些看似灭顶之灾的挑战，而是一些微不足道的、鸡毛蒜皮的小事。许多人把一生的大部分时间和精力消耗在这些鸡毛蒜皮的小事之中，最终一生一事无成。人活在世上，理应开朗、豁达，活得超脱一些，凡事斤斤计较，只是徒增烦恼罢了。短短的几十年生命，却被浪费在一些小事上，值得吗？请把时间用在值得做的事情上吧，生命太短促了，不该再计较那些小事。生活要求人们不断地清点，看看忙忙碌碌中，哪些是重要的，是必要的，哪些是不重要的，或是无须劳神去为之忙碌的。然后，果断地将那些无益的事情抛弃，丢掉。

3. 较真就是自己跟自己过不去

“水至清则无鱼，人至察则无徒”。如果总是苛求许多，就难以与人相处。对某些事来说，较真就是钻牛角、打赌、抬杠和村妇骂街，于事无补。你不对人较真，别人也不好意思跟你较真，人们就会乐于同你交往，你的朋友就会越来越多。

跟计较不同，还有一种人很较真。什么是较真呢，就是凡事都想弄个明白，喜欢跟人家讲道理。如果有谁冤枉了自己，一定要跑去跟人家争辩清楚。如果别人错了，他一定要有理有据地证明对方错了才罢休。明明就是他错了，我为什么不能计较？你上车为什么不看着点，你这个人太没公德心，太没素质了。拉着人家一定要说出个子丑寅卯所以然来。从“较真”者个人来说，由于情况不同，有“较”对了的，也有“较”错了的。

有一个老太太，70 多岁了，身上最贵的东西就是一个金戒指。那天老人在路边树下乘凉，突然一个男人到她身边停下来，恳求她，说自己打麻将输了 300 块钱，对方要他用手中的戒指抵债，可自己的戒指太大，很值钱，实在是吃亏，所以就与老太太商量，能否把她手上的小戒指换给他，再找给他 300 块钱现金。这样，他既有钱还债，还能落个戒指。老太太以小换大，找他 300 块钱也不吃亏，或许还占了点便宜。老太太比较了半天，认为这的确是一个很划算的买卖，终于在对方的催促下同意了，并回家拿了 300 块钱。

买卖成交，老太太很高兴。得意了好几天，才忍不住跟儿子、儿媳说。儿子一听，就觉得有些蹊跷，拿过老母亲换来的戒指一看，顿时气不打一处来，“哪有这么便宜的事？你看看，假的！”说着，生气地将那只合金外表镀铜的戒指“嘎巴”掰断了，顺手扔到了窗外。

老人赔了钱又赔了戒指，还受了儿子的白眼，哪受得了，马上就傻眼了。自己大半辈子守寡，吃亏上当还被儿子这一顿数落，真是又气又恨又后悔，以致一病不起，不几天就到那边找老伴诉苦去了。平时还算孝顺的儿子懊悔不迭，捶胸顿足自打耳光，可一切都晚了。

就这个例子而论，孝顺的儿子不该与老人较真，毕竟老人防备之心不强；而老人也不该与儿子计较，不该与骗子较真，甚至不该与自己较真。较真之前要看对象，要分什么事，不能瞎较真。对年纪大的人，我们不能较真，对年纪小的孩子，我们不该较真，对我们的同事，朋友，我们无须较真。错了又怎么样？对了又怎么样？在工作上，你多较较真，把工作做精、做细、做好，对客户要多关心，事无巨细地为客户考虑，这才是真较真。在生活中，谁说错一句话，做错一件事，装装糊涂，得过且过，又能如何？

有一次，有一位贤者去拜访著名思想家老子，一进老子家门，他发现屋里凌乱不堪，而且没有一个人过来跟他打声招呼。老子身为教化万民的人，怎么能如此有失礼节？贤者感到非常愤怒，于是，他大声咒骂了一通扬长而去。第二天，贤者觉得自己昨天的所作所为也有不妥当的地方，于是又返回来向老子道歉。老子见状十分奇怪，不知道他何事道歉。原来老子早就忘了昨天的事情。

了解了事情的来龙去脉后，老子淡然地说："面对别人的指责和批评，我从来不在意，也不反驳，因为我要是反驳了他，他一定会骂得更厉害。其实，他既然这样骂我，就一定有他的道理。不过，那也只是他自己的事情，和我又有什么关系呢？"

连老子都要被人误解，更何况我们这些普通人。俗话说得好，人生不如意之事十有八九，如果事事都去计较，都要较真，恐怕人就别想活得轻松了。

“水至清则无鱼，人至察则无徒”，凡事太较真大可不必。你不想做的事不去做就是了，你看不惯的行为不去看就是了，没必要把自己搞得不痛快。较真的人往往认为，凡事就一个理，理在你这里，就不在别人那里。并且得理不饶人，希望别人成为自己真理下的俘虏。但人从小在不同的环境下长大，各有各的习惯和思维，较真改变不了他人，只能让自己更难受。

一面很平的镜子，在高倍放大镜下，也会显得凹凸不平；肉眼看着很干净的东西，拿到显微镜下，会看到有数不清的细菌。试想，如果我们带着显微镜看生活，恐怕连饭都不敢吃了；如果你总是拿放大镜去看别人的毛病，恐怕那家伙早就罪不容诛、无可救药了。

有位智者说，大街上有人骂他，他连头都不回，他根本不想知道骂他的人是谁。人生苦短，要做的事多着呢，哪有时间理这些闲言碎语？哪里有时间为了别人骂你一句，踩你脚一下费上半天口舌，跟对方较这个理？值得吗？人生在世，不能浪费好时光，所以就要知道什么事情应该认真，什么事情可以不屑不顾。如果我们明确了哪些事情可以不认真，可以敷衍了事，我们就能腾出时间和精力，全力以赴认真地去做该做的事，成功的机会和希望就会大大增加。

4. 不要让嫉妒侵袭你的生活轨道

哲学家伯兰特·罗素说过，嫉妒是造成人们不幸福的最重要的因素之一。每个人都难免有嫉妒之心，但淡定的人往往能用理性去抑制嫉妒，在难免产生嫉妒的地方，用它去刺激自己更加努力而不是阻挠或者伤害对方，以达到心理的暂时快感。

嫉妒是人类的一种本能。每个人或多或少都会有些嫉妒心，当我们发现别人的某方面比自己好时，就容易“酸”，心里酸，嘴上也酸。但这些轻微的嫉妒对人是没有害的，反而有好处，因为这样可以激发人的上进心。如果人一点嫉妒心都没有，反倒不正常了。

一个人本来是团体中的佼佼者，这时，突然来了一个“入侵者”，使自己的地位受到了威胁，这时，出于自我保护的本能，嫉妒心就会启动，企图将入侵者压下去，从而保持自己的团队优势。但事实上，我们要保持自己的优秀，完全不必用这么原始和低级的本能。

19 世纪初，肖邦从波兰流亡到巴黎。当时已蜚声乐坛的匈牙利钢琴家李斯特对肖邦的才华非常欣赏，为了帮助这个天才的年轻人尽快走上乐坛，李斯特想了一个绝妙的主意。

当时，在钢琴演奏时，剧场要把全部的灯都熄灭，以便使观众在黑暗中全身心地投入到音乐当中去。亮灯的时候，人们看到李斯特已经稳稳当当地坐在钢琴面前，做好了演奏的准备。灯光灭了，剧场一片漆黑。人们屏气凝神，完全沉醉在优美的旋律当中。一曲完毕，剧场的灯亮了起来，台下观众惊奇地发现，坐在钢琴前面的不是李斯特，而是一名年轻人。明白了是怎么回事的观众再次响起了热烈的掌声，为这个无名年轻人的出色表演，也为李斯特的大度无私，台下的掌声经久不息。

当然，这个年轻人就是肖邦。原来，在灯灭之后，李斯特就让肖邦代替自己坐在了钢琴前面。

一般来说，同行之间多少都会有一些嫉妒心，对比自己优秀的人才，更是抱着戒心进行防范，不落井下石就已经很不错了，有几人能做到像李斯特这样，宁肯让出自己的舞台，也要帮助一个无名的年轻人出人头地呢？不嫉妒，说起来容易，做起来难。

英国 20 世纪最著名的哲学家伯兰特·罗素说过，嫉妒是造成人们不幸福的最重要的因素之一。有一个女孩看见同事长得漂亮，穿得又好，感觉自己像只丑小鸭，嫉妒心让她做出了不理智的事情——她半夜偷偷往女孩的脸上泼了硫酸！

虽然大部分人都不会因为嫉妒做出不理智的事情来，但有一点可以肯定，嫉妒，让我们的心时时处于痛苦和压抑之中，无法真正快乐起来。每个人都难免有嫉妒之心，但淡定的人往往能用理性去抑制嫉妒，用它去刺激自己更加努力，而不是阻挠或者伤害对方。

日常生活中每一件事都有可能成为嫉妒者心情烦躁的根源，终日饱受嫉妒的折磨，最后被它灼伤。所以，聪明的你，为什么要用嫉妒折磨自己？别人实力比你强，如果你想超过它，你就用你的实力去超过，如果你不想，那么，安于自己的现状，悠然过你自己的日子，嫉妒，既改不了现状，也无益于你的身心。她天生丽质，你气质优雅。他财大气粗，你精耕细作。各有各的好。印度思想大师奥修说："玫瑰就是玫瑰，莲花就是莲花，只要去看，不要比较。"做自己，不要做别人，别人吃别人的山珍海味，你吃你自己的青菜萝卜，不比较，不嫉妒，你们都能获得一样的幸福。

5. 少一份争执，多一份从容

一位著名的企业家说过："不要轻易和人发生争执，争来争去只会伤了彼此的和气，还会平添无谓的烦恼。"言语上的争执，并不能使我们得到什么。相反，还会让我们失去平静解决事情的机会，造成不必要的麻烦和后果。

人与人之间难免发生摩擦，产生争执。爱计较的人，有一点矛盾就抓住不放，为此弄巧成拙。某电视台报道了这样一则事件：在一座立交桥上，两辆轿车因为拥堵发生了小小的刮蹭。结果两车上的司机互相指责，先是发生了口角，后来竟然大打出手，结果两人均被打得头破血流，住进了医院。

在上下班高峰时，人多车挤，双方车辆发生一点小摩擦，这都在所难免，但双方却因此争执不下，终至酿成苦果。暂且不论到底谁错在先，谁先违反了交通规则，单就争执这件事本身就很值得反思。别说是小剐小蹭，就是无谓的争执也常会带来意料不到的损失。其实，静下心来想一下，人生在世，人与人之间很少会有什么不共戴天的怨仇，但偶尔与人发生一些小的摩擦，却是常有之事。

有人曾经做过统计，几乎90%的刑事案件都是因为小事争执引起的。而许多夫妻之所以离婚，也是因为双方永无休止的争执。为了一些琐碎的生活小事，夫妻双方各执一词，互不相让，最终使本来美满的家庭走向了破裂。

所谓“忍一时风平浪静，退一步海阔天空”，对于一些非原则性的争执，我们还是少些争执为妙。有位情感专家曾劝诫那些年轻的夫妻：“如果有一天，当你跟爱人发生争执时，你就让他赢，他又能赢到什么？所谓的输，你又输掉了什么？这个赢和输，只是文字上罢了，我们大部分的生命都浪费在语言的纠葛中。其实，在很多时候，争执并没有留下任何输赢，却失去了很多本应珍惜的感情！”

因此，我们要学会放下自我，于人于己，少些无谓的争执。只有这样，我们才能腾出时间，从容地面对真正的挑战，才能集中精力做一些有意义的事情。一位著名的企业家说过：“不要轻易和人发生争执，争来争去只会伤了彼此的和气，还会平添无谓的烦恼。”言语上的争执，并不能使我们得到什么。相反，还会让我们失去平静解决事情的机会，造成不必要的麻烦和后果。

颜回是孔子的得意门生。有一次颜回看到一个买布的人和卖布的在吵架，买布的大声说：“三八二十三，你为什么收我二十四个钱?”

颜回上前劝架，说：“是三八二十四，你算错了，别吵了。”

那人指着颜回的鼻子说；“你算老几？我就听孔夫子的，咱们找他评理去。”

颜回问：“如果你错了怎么办?”

买布的人答：“我把脑袋给你。你错了怎么办?”

颜回答：“我把帽子输给你。”

两人找到了孔子。孔子问明情况，对颜回笑笑说：“三八就是二十三嘛，颜回，你输了，把帽子给人家吧。”

颜回不知道老师葫芦里卖的什么药，只好把帽子摘下，交给人家。那人拿了帽子高兴地走了。

待人走后，孔子告诉颜回：“说你输了，只是输一顶帽子，说他输了，那可是一条人命啊！你说是帽子重要还是人命重要?”

明明对方错了，却不争不斗反而认输，虽然自己吃点小亏，但使别人不受损，我们在生活中其实也做过很多类似的让步。比如，上司明明错了，你还得忍气吞声，赞同上司；父母年纪大了，你明知他们的观点不对，但你还要服从他们。但在我们做出让步的同时，心里一定都不痛快，因为我们认为这是忍让，是屈从。因为我们太多次对强权和强者忍让，所以，对那些不如我们的弱者反倒咄咄逼人，反而不愿意忍让。真正的忍让是发自内心的，是一种快乐和解脱。比如，一大早你就出门，迎面却被一辆三轮车刮了一下衣服。三轮车主很害怕，你却只轻轻地说："没事，你走吧。"事后，你对朋友说："看他怪可怜的，一大早就去拉货挺不容易的，赔我一件衣服他一天就白干了。"你的宽容会让你从心底感到快乐。这样的人生淡定从容，是真正的大度，是真正的大快乐。

6. 攀比之后，心灵愈见荒芜

有句俗语说："人比人，气死人。"事实上，人比人并不要紧，人比人而生气才是要命的。攀比是现代人不幸福的一个重要因素。攀比只会增加人的烦恼，放下攀比，只看自己有的，不看自己没有的，才是获得幸福的最好方法。

《牛津格言》中有这样一句话："如果我们仅仅想获得幸福，那很容易实现，但我们希望比别人更幸福，就会感到很难实现。"有人曾经在网上做过一项调查，当人们被问到"你是愿意自己挣 11 万元，其他人挣 20 万元，还是愿意自己挣 10 万元而别人只挣 1 万元"时大部分的人选择了后者，他们怕别人超过他，宁愿自己少挣，也不愿意别人比自己多挣。

月末，老板把晓晓叫到办公室，递给她一个红包，并且告诉她，这段时间她的工作很努力，取得的成绩有目共睹，所以公司决定专门给她奖励。并且再三叮嘱她，不要告诉同事格外给她红包的事。为此晓晓开心了好几天。后来，晓晓从同事口中得知，有人的红包比自己的还大。得知这一情况，晓晓怅然若失，拿到红包的幸福感还来不及回味，便很快陷入一种失落和痛苦中。

你的生活中是否也发生过类似的事情？年底的时候，老板发给你两万的年终奖，你兴奋地打电话给好朋友，可是在聊天的过程中，你却发现，好朋友的年终奖竟然有五万。听到消息的时候，你突然觉得很沮丧。原本拿到年终奖是一件幸福的事情，但是一比较，你的幸福指数直线下降。

其实，一个人幸福与否，不仅取决于个体获得的满足感，还取决于他和他人的比较。通过比较，既得的满足感和初始的欲望就会发生变化。假如你初始的欲望是想买一个小两居，当你拿到房子钥匙的时候，应该感到很幸福。但如果你发现同事在最繁华的商业区买了一个大三居，于是，刚刚涌起的幸福感便随之消失。很多时候，人们不幸福的根源，来源于和他人的比较，当发现他人拥有的超过自己的时候，幸福感就会降低，甚至消失。

如今，虽然我们的生活越来越富裕，但是幸福指数却越来越低，其中一个原因就是，人们喜欢拿自己与那些物质条件更好的人做比较，越比较越觉得自己不幸福。如今尽管人们的生活水平越来越高，但是幸福感却越来越低。对此，我们不禁要思忖：幸福到底是什么？或许，幸福不是丰饶的财富，不是便捷安逸的生活，不是物质上的丰足，而仅仅是，内心的安适和满足。

看到这样一句话："如果你想幸福，只要做一件十分简单的事情就可以了，那就是与那些不如你的，比你更穷、房子更小、车子更破的人相比。"可惜，生活中大部分人比较的不是谁拥有的少，而是谁拥有的多，比较的不是谁能力强，而是谁路子广。

生活中很多人常以"比上不足，比下有余"来安慰自己。比上，我们会感到痛苦；比下，我们会感到幸福。而我们下面的人，则会因为和我们比较而痛苦。从这个意义上来说，一个人的幸福，是建立在他人的痛苦之上的；而一个人的痛苦，则是屈居于他人的幸福之下的。这是一种多么荒诞的逻辑，但在现实中却真实存在。

从古到今，很多人都探讨过幸福的真谛，描绘过幸福的奇幻绚丽，但是，仍旧有大部分的人生活得不幸福。如果幸福的本质是"比较"，那么人类该有多么可悲。

与其去羡慕根本不属于自己的东西，倒不如看看自己有什么，专注于当下的快乐中。现实生活中有很多人总是顾影自怜，觉得自己什么都比不上别人，房子没别人家的大，孩子没别人家的聪明，老婆也没有别人家的贤惠。自己有的总是太少，别人有的总是太多。但你至少还有房子可住，你孩子不够聪明，但也一切正常，老婆再不好，也是你自己挑的，也能知冷知热，一心一意跟你过日子。只看我有的，不看我没有的。

7. 敢于吃亏才能成为最大赢家

人可以聪明，但不能太精明，没有人总是占便宜，从来不吃亏。正所谓吃亏是福，看似不吃亏的人往往占的都是小便宜，吃的是大亏。

在中国传统思想中，有“吃亏是福”一说。这是中国圣人总结出来的一条为人处世的经验。清代画坛“扬州八怪”之一郑板桥，曾留下两句四字名言，一句是“难得糊涂”，另一句是“吃亏是福”。淡定的人最懂得的就是“吃亏”二字。倘使一个人能用外在的吃亏换来心灵的平和与宁静，那无疑就获得了人生的幸福。

罗德·温尔曼是巴西最著名的高尔夫球手，他精湛的球技可谓无可挑剔。不过，球场上所向无敌的他在生活中却是一个糊涂虫，经常被人骗，吃了不少亏。一天，温尔曼刚打完一场南美锦标赛，当他接受完记者的采访后，马上走向停车场，准备开车回俱乐部。就在这时，一位一脸憔悴的年轻女子向他走来。在向温尔曼表示祝贺之后，她说自己的孩子现在病得很重，正躺在附近的一家大医院，如果得不到及时治疗，也许很快就会死去，但是她却支付不起高昂的医药费。

温尔曼被孩子的命运揪住了心，他二话没说，当即掏出笔签了一张 50000 美元的支票递给女子，并祝福孩子早日康复。

不过，一个星期之后，温尔曼在一家俱乐部进午餐时，从一位职业高尔夫球联合会的官员口中得知，那个自称孩子病得很重的女人其实是个骗子，这一切都是她设下的一个骗局。也许，读到这里，你会想，温尔曼听到这个消息后一定会后悔不已，气愤难当。不，温尔曼听到这个消息后，长长地吁了一口气，脸上露出了笑容："感谢上帝，这是我一周以来听到的最好的一个消息了！"

温尔曼损失了 50000 美元，可是，他非但不觉得自己吃了亏，反而觉得很高兴。因为，将自己被骗和"一个孩子马上就要死了"二者之间进行比较，他宁愿自己被骗，宁愿自己吃大亏。这样的人不幸福才怪。

生活中，吃亏是在所难免的。吃点小亏算什么事呢？"吃亏是福"，是一种潇洒的生活态度，也是一种做人的方法。在小利小事上乐于退让，主动吃点亏，免了生闲气，起纷争，大家和和气气，这难道不是一种福气吗？

做事有长远计划的人，不会只计较自己的获得，而是懂得在适当的时候舍弃。因为他们知道，有时候"吃亏"并不是一种灾难，只有学会舍弃，才能有更多的收获。

英国哈利斯食品公司的总经理彼克，有一次突然从化验室的报告单上发现，他们生产食品的配方中，起保鲜作用的添加剂有毒，虽然毒性不大，但长期服用仍然会对身体造成伤害。但如果不用添加剂，则又会影响食品的鲜度。经过一番考虑，彼克认为应诚信待客，毅然将这一有损公司利益的消息告知每位顾客，随之又向社会宣布，防腐剂有毒，对身体有害。当然，他这样做，不仅对自己的公司造成了很大的损失，还招来了所有从事食品加工的老板的指责和抵制。他们一起抵制哈利斯公司的产品，公司虽然亏损很大，但彼克的名字却家喻户晓。天无绝人之路，彼克的公司眼看着就要倒闭了，这时，政府出面支持彼克。哈利斯公司在很短时间内便恢复了元气，规模扩大了两倍，一举成了英国食品加工业的龙头老大。

关键时刻敢于吃亏，是做大事业的必要素质。亏，要吃，就吃得淋漓尽致，而不要患得患失。敢吃大亏的人才是最后的赢家。因为有些亏，看似“亏”，实则是一种“扭亏为赢”的手段。只要我们信奉“吃亏是福”的道理，我们就会明白，吃亏并不是一种难耐的痛苦，反而是一种难得的享受。贪便宜是人之常情，但贪小便宜的人，也一定有吃亏甚至吃大亏的时候，吃亏了，若能抱着“吃亏是福”的心态，还没有什么，最怕的就是一吃亏就坐立不安，怨气冲天，把自己气个够呛，这样的人，活着还有什么乐趣呢?

要成就大业出人头地，就要学会主动吃亏，多让出一些既得利益给别人，正所谓“吃人嘴短，拿人手软”，别人占了便宜，就会有一种“欠”你的心态。为了还你的这份人情债，难保不连本带利地还回来。所以，敢于吃亏，你就有可能成为最大的赢家。

8. 拈花前行，无惧流言讥讽

面对流言，一笑置之远比极力辩解要好得多。“清者自清，浊者自浊”，流言最怕真相，在恰当的时候，我们摆出事实，敞开大门，流言自然无处遁形。在工作和生活中，遭遇流言是难免的事。我们不必理睬造谣生非者，也无须惧怕那些闲话，当我们不为闲话所左右时，闲话对我们来说也就毫无意义了。

只要我们还活着，只要我们还要和人打交道，那么，被人说“闲话”就是不可避免的。有些闲话无伤大雅，有些却是捕风捉影的造谣中伤。那么，我们该如何应对这些流言蜚语？

流言止于智者，布袋和尚曾说过一句话：“有人骂老拙，老拙只说好；有人打老拙，老拙自睡倒；有人唾老拙，由它自干了；你也省力气，我也少烦恼。”

我们有太多的烦恼，都是因为人与人之间的闲话引起来的。我们总是在乎别人怎么说、怎么看，担心自己哪一句话说得不好被人家挑理，害怕自己的一些不得体的行为被人们嘲笑。于是，怕别人责怪而自责、怕别人取笑而自卑、怕难堪而自闭。或者为那些闲话你来我往，纠纷不断。

别人怎么看你，怎么说你，并不重要，重要的是自己怎么看，根本不必为他人的口舌而烦心。别人想说什么，你想拦也拦不住，对于闲言碎语不妨采取豁达与漠视的态度来对待。风吹雨过，烟雾自然消散，天地间原本是如此澄明，何必在意别人说什么呢？原本清白的你，有可能因为闲话而越辩越黑，为别人的闲话把自己的前途和幸福都搭进去，就更不值得了。

刚进单位时，李薇是行政助理，很快，市场部经理就发现她身上有一股闯劲，是个难得的人才，便将李薇调到销售部门。很快，李薇依靠出色的业绩成为区域经理。因为业务上的关系，李薇经常要和上司一起出去，陪客户吃饭，二人频繁来往在外人看来就不免暧昧起来。有人开始在背后传闲话，一来二去，全公司的人都知道她和上司关系暧昧，都拿怪异的眼光看她。

李薇是一个要强的女孩，慢慢地她从同事阴阳怪气的谈话中明白了事情的原委。经过调查，她找到谣言的始作俑者，警告她不要再大嘴巴，造谣中伤。但对方不承认自己在造谣，反而把李薇侮辱了一番。双方不欢而散。有了这档子事以后，李薇在工作中常常分心，心情不好，也没有心思发展客户，业绩也没有以前好了。为了证明自己的清白，她有意和上司疏远，希望流言会就此打住。但人们只愿意相信流言，也绝不相信自己的眼睛。谣言不但没有终止，反而越传越烈。甚至有人站出来说，自己亲眼看见李薇和上司如何如何，说得跟真的似的。

万般无奈，李薇提出换到售后服务部。但，售后服务的工作并不适合李薇，她经常在工作中发生失误。于是，新的流言马上又传开了。有人说：“李薇以前在销售部的业绩，根本就不是自己做出来的，而是销售部经理帮的忙。”而且，还有更难听的话。李薇有口难辩，急火攻心，大病了一场，只好选择辞职。

其实，李薇大可不必如此。谣言虽盛，到底没有真凭实据，别人也不能把她怎么样。传谣言的人的目的无非是想别人难堪，希望别人不好过，如果你的好日子照样过，丝毫不受影响，他的目的自然落空，对刀枪不入的你，自然无可奈何，时间一久，谣言也就自生自灭了。

按说，在我们身边，像李薇这样的遭遇并不少见。每家公司都少不了有一两个喜欢造谣生非的角色，竞争越是激烈的企业，小道消息越盛行，因为总有人能从给别人泼脏水中获益。面对流言蜚语，如果选择辩解，不仅费尽心力，于事无补，而且会越描越黑，弄巧成拙。《菜根谭》有言：“立身不高一步立，如尘里振衣，泥中濯足，如何超达？处世不退一处，如飞蛾投烛，羝羊触藩，如何安乐？”要想在是非中撇清自己，谈何容易？与其百口难辩，还不如不置一词，任其自生自灭。俗话说：“沉默是金。”面对毁谤，何妨以沉默作答，隐忍一下，待到日后真相大白，毁谤自然烟消云散。

郑板桥有首著名的诗：“咬定青山不放松，立根原在破岩中，千磨万击仍坚韧，任尔东西南北风。”如果人人都能达到如此宁静淡泊的心境，相信再恶毒的飞短流长也会望而却步。对流言漠然视之，就如同把谩骂与诅咒原封不动地还给流言制造者一样，在谩骂声中，我们依然可以拈花前行，活得自在逍遥。

第八章

宽心：心大了，事情就小了

“心大了，事就小了”，心小则事大，心大则事小。世界有多大，取决我们的心胸有多广。宽容是心与心的交融，宽容是仁人的虔诚，是智者的宁静。正因为天空容忍了雷电风暴一时的肆虐，才有风和日丽；辽阔的大海容纳了惊涛骇浪一时的猖獗，才有浩渺无垠。

1. 先有超然气度，方有翩翩风度

气度也叫气量、度量、肚量，都说“宰相肚里能撑船”，气度越大，风度越潇洒。气度是一种超然之气、浩然之气，是海纳百川的胸怀，有气度的人很少计较一城一地的得失，得之淡然，失之泰然。气度不仅是一种超然，更是一种智慧、一种胸襟。

我们常说：“比大地宽广的是海洋，比海洋宽广的是天空，比天空更宽广的是人的胸怀。”人的心胸想有多大便可以有多大，甚至可以大到容得下整个世界，心胸宽广、豁达、有气度的人，是深谙人生智慧的人，心胸宽广的人是人生的成功者。

2004 年 8 月 23 日，雅典奥运会男子单杠决赛中发生了一件轰动世界的“花絮”。

28 岁的俄罗斯名将涅莫夫以连续腾空抓杠的高难度动作

征服了全场观众，只是在落地的时候，一个小小的失误让他的双脚向前移动了一步，裁判团因此只给他打了9.725分。

正是这个打分，引发了赛场一阵混乱。全场观众全部站了起来，一边不停地喊着“涅莫夫、涅莫夫”，一边不停地挥舞手臂，以持久而响亮的嘘声，表达自己对裁判的愤怒。

比赛被迫中断，接下来出场的美国选手保罗·哈姆尴尬地站在原地，不知如何是好。

这时，已退场的涅莫夫从座位上站起来，向朝他欢呼的观众挥手致意，并深深地鞠躬，感谢他们对自己的喜爱和支持。涅莫夫的大度进一步激发了观众的不满，嘘声更响了，一部分观众甚至伸出双拳，拇指朝下，做出不文雅的动作来。

面对来自观众的巨大压力，裁判团被迫重新打分——这次打出了9.762的分数。不过，仍未能平息观众的情绪，嘘声再次响成一片。

眼看局面已近失控，比赛不能正常进行。场内的工作人员都无可奈何。就在这时，涅莫夫跑回了赛场，他举起右臂向观众致意，并鞠躬表示感谢。接着，他伸出右手食指做出噤声的手势，并双手下压，以此请求观众冷静下来，给下个选手一个安静的比赛环境。

涅莫夫的临危不乱的风度，让中断了十几分钟的比赛得以继续进行。

涅莫夫最终没能拿到金牌，但他仍然是观众心目中的“冠军”；他没有打败对手，但他以自己的风度征服了观众。

像涅莫夫一样，放大自己的气量，一个人也就摆脱了名利、得失的困扰。

三国时期的曹操是一位胸怀天下的大度之人。袁绍有一位叫陈琳的手下，曾经撰文辱骂曹操的祖宗，这件事在曹操的军营中传开之后，整个军营的人都以为陈琳这下死定了！因为在讲究孝道的古代，自己的父母、祖先若被人辱骂、羞辱，是最不可容忍的行为，甚至可以说是不共戴天之仇。后来陈琳被曹操俘虏，但曹操却能大度地原谅陈琳，不仅如此，还委以重任。这是何等的气魄与豁达啊！实在令人叹服。曹操之所以能在群雄逐鹿的乱世中完成对中国北方的统一，与他的这种超人的气度是分不开的。

要有气量，宽容他人，就要做到以大局为重，把好处让给别人，把困难留给自己，相互之间的矛盾就容易化解。相反，那些凡事都先替自己打算，对个人得失斤斤计较的人，是难以与他人和睦相处的。

气量能包容大千世界，使千差万别、迥然不同的人和谐地融为一个整体；气量能融化隔膜的坚冰、抹去尊卑的界线，使人们变得亲密无间。

正所谓“先有超然气度，方有翩翩风度”。淡定和豁达是做人有气度的重要表现。豁达，代表着一种超脱自我的精神解放，它体现出的是一种虚怀若谷的无限宽容。倘若一个人能真正做到“大肚能容，容天下难容之事”，那他就是为人淡定、心胸豁达的智者，豁达的人比较宽容含蓄，热心恬然，常常能够十分自觉地尊重他人的不同看法、思想和行为。即使与别人的观点或做法相左的时候，他也会对别人的选择表示理解，给人以“敬人者，人恒敬之”的尊重。

2. 淡化恩怨，原谅别人就是解脱自己

西方有一句谚语说：“怀着爱心吃菜，也要比怀着怨恨吃牛肉好得多。”如果我们不解决掉心中的仇恨，就算天天吃山珍海味，也不会使我们快乐。解决仇恨的办法不是报复，而是原谅。佛经云：“若有人因无知的恨而害我，我将用无私的爱来度他。”

一位好莱坞女星失恋后，怨恨和报复心理一度使她几乎精神失控。有一天，她在镜中发现自己的面孔布满了皱纹，神情僵硬。她只好找到美容师帮忙。美容师根据自己多年的经验告诉她：“如果你不消除心中的怨恨，任何美容术都无法改变你的容貌。”

在武侠小说里，作者常常会将主人公的仇恨设定为延续上一代的恩怨，这样写的目的当然是为了激化矛盾，让情节更加吸引人。不过，这些带着强烈复仇目的的人，活得一点也不快乐，甚至处于极度的痛苦中。甚至，还有到死都不肯放弃仇恨的人，他们竟然利用下一代进行报复。比如，有一个故事中，就是复仇者将仇人的小孩养大成人，让长大后的小孩与自己的亲人自相残杀。但是，这样的人从来没有快乐

过，相反，在复仇的同时，他们也深深地伤害了自己，甚至自己所受的伤害，比给予仇人的报复更多、更深。

当然，仇恨对人类来说，并不是一无是处的，报复是人的一种自我保护的本能。它可以避免同类之间过于随意的伤害。但仇恨又是一种带有毁灭性的情感，如果一直背负着，其后果将不堪设想。如果报复已经伤害到了自己，那么，这样的报复还有意义吗？人是有理智的动物，自然要学会如何处理各种纠纷，使双方的伤害都降到最低。

一位画家在集市上卖画，不远处，前呼后拥地走来大臣的儿子。这个大臣在年轻时曾经把画家的父亲欺侮得含恨死去，画家一直记着这刻骨铭心的仇恨，只是奈何自己势单力薄，不能为父亲报仇。大臣的儿子在画家的作品前流连忘返，他看上了其中的一幅，让画家出个价。画家用一块布将它遮住，声称这幅画不卖。

但这个孩子非常喜欢这幅画，回去之后就茶饭不思，央求父亲帮自己买来。心疼儿子的大臣来央求画家，表示愿意出高价买下这幅画。可是，画家说什么也不肯卖，他把这幅画挂在自己画室的墙上，阴沉着脸坐在画前，自言自语地说："这就是我的报复。"

每天早晨，画家都要画一幅他信奉的神像。不过，自从复仇那天起，他发现自己笔下的这些神像与他以前画的神像有些不一样，但他又说不出哪里不一样，这使他苦恼不已。直到有一天，他惊恐地丢下手中的画，跳了起来。原来，他发现，自己刚画好的神像的眼睛，竟然就是大臣的眼睛。他把画撕碎，疯狂地喊道：“我被这无边的仇恨给奴役了！”

因为画家心中所想的都是仇人的模样，时时都在仇恨之中，连自己所信仰的神都变成了仇人的样子。连同他原来心中的幸福与爱都一并失去。这是多么可怕的事啊。

一个心中常想报复的人，自己活得也很痛苦。《呼啸山庄》中的男主人公希斯克利夫由于童年时受到别人的嘲弄，发誓要报复嘲弄过他的人。当他回到山庄后，便展开了一系列报复行动，许多人因此而痛苦地死去，复仇计划完成了，但最后，希斯克利夫那颗苍老的心却突然感到一种可怕的孤独。被仇恨奴役和控制的人，会不惜一切代价地去实施他的报复，甚至为此牺牲了自己的幸福也在所不惜。可是，当仇人得到“应有的惩罚”后，他会发现，报复并没有自己想象中的那样大快人心。相反，很多人都是在报复之后，才觉得多年来陷在仇恨中毫无意义，原谅仇人，反倒是更能让自己解脱的方法。

有人说：“怀着仇恨对仇人实施报复的人，也许对仇人的伤害还不足百分之一，可是他自己却在用自我惩罚的方式达到了百分之九十九。”解决纷争的办法有很多，即使无法解决，我们也应该设法放下仇恨，让自己重新找到幸福的原点，而不要将仇恨和报复作为生活的支点，这样的报复对你的伤害是毁灭性的，无以复加的。当然，如果你放不下仇恨，也要用正确的方法去解决它，绝不要用“同归于尽”的办法去解决。

宽恕一个人，比爱一个人更难，它需要付出更大的勇气，但唯有宽恕才是解脱心灵的唯一方法。所以，如果有人曾经欺骗了你的感情，伤害了你的亲人或朋友，不要一辈子记恨他，试着去忘记那些伤痛，原谅你的“仇人”。失去的永远都失去了，再怎么怨恨对方，不可能让一切回到原点，怀着仇恨生活，折磨的只是你自己的内心。要幸福，要快乐，就要放下仇恨，释放了仇恨，才能释放心灵的痛苦，才能以微笑的面容面对生活！

3. 别让坏情绪变成癌细胞

人生在世，健康是生命的本钱。危害健康最甚者，莫过于生气，诸如咆哮如雷的“怒气”，暗自忧伤的“闷气”，牢骚满腹的“怨气”，有口难辩的“冤枉气”等。对无法避免的怒气，我们要学着适度地释放它，进行适度地宣泄，而不要自我封闭。不要让坏情绪变成癌细胞。

科学家研究发现，癌症病人大都有一个共同点：即特别压抑自己某一方面的情绪。这种情绪可能是愤怒，可能是悲伤，可能是内疚，也可能是其他情绪。当我们心中产生某种负面的情绪或念头时，我们常常不愿意接受它们，并试图压制它们，但压制并不等于消失或不存在，这些负面情绪只是暂时被压制到我们的潜意识中去了。更可怕的是，它们还会寻求自己独特的表达方式，通过身体来表达，就是最常见的方式。坏情绪会破坏人的机体平衡，导致各部分器官功能紊乱，从而诱发各种疾病。专家研究发现，当人感到生气时，心率和血压会上升，与此同时，肾上腺激素、甲状腺激素的水平都会升高。

《黄帝内经》上说："喜怒不节，则伤脏，脏伤则病起。"当人愤怒时，交感神经兴奋增强，从而使心率加快、血压升高，所以经常发怒的人容易患高血压、冠心病，而且易使病情加重，甚至危及生命。

老约翰·洛克菲勒在他 33 岁那年赚到了他人生的第一个 100 万，43 岁时，他建立了世界最大的垄断企业——美国标准石油公司。那么，53 岁时的他又成就了什么呢？那一年，他失去了自己的头发。

洛克菲勒从小在农庄长大，早年的体力劳动让他拥有了一副强壮的身体。他有着宽厚的肩膀，强健有力的步伐。可是，53 岁时，他却莫名其妙地得了消化系统疾病，他的头发开始脱落、最后连眉毛也不能幸免。他肩膀下垂、步展蹒跚，看起来像一个 80 岁的老人。

他的传记作者温格勒说："他的情况极为恶劣，有一阵子，他只能依赖酸奶为生，医生们诊断他患了一种神经性脱毛症，后来，他不得不戴了一顶帽子。不久以后，他定做了一个 500 美元的假发，此后一生都没有脱下来。"

"当照镜子时，他看到的是一位老人。无休止地工作、操劳、体力透支、整晚失眠、运动和休息的缺乏，终于让他付出惨重的代价。"

当著名的女作家艾达·塔贝尔见到他时，大吃一惊，她写道："他的脸上饱经忧患，他是我见过的最老的人。"

那时，医生只允许他喝酸扔，吃几片苏打饼干。他的皮肤毫无血色，瘦得皮包骨头。这个世界上最富有的人，每周收入高达几万美元，可是他一个星期仅能吃得下区区几块钱的食物。

洛克菲勒的这些症状都是因忧虑导致的。医生告诉他，要么选择财富与忧虑，要么选择生命，并警告他：再不退休，"就死路一条"。医生给了洛克菲勒三条建议：

（1）避免忧虑，绝不要在任何情况下为任何事烦恼。

（2）放轻松，多在户外从事简单的运动。

（3）注意饮食，每顿只吃七分饱。

在意识到贪婪已经摧毁了他的身体后，洛克菲勒决定退休。退休后，他每天打打高尔夫球、种种花，与邻居聊天、玩牌、唱歌。这个世界上最富有的人，这个曾经每天为赚更多的钱殚精竭虑的人，这个在 53 岁时与死神擦肩而过的人，在放弃财富之后，竟然活到了 98 岁。

生活中，我们每个人都有可能生病，可能是你，可能是我。通常很多病症的病因有很大可能是情绪上受到了影响，所以，保持心情愉快，是对身体和心理都有好处的事。要做到心情愉快，不妨从关心自己的身体入手，多运动，多放松。当心情不好的时候，倾听自己喜欢的音乐，缓解自己的负面情绪。随时找一些自己喜欢的事情去做，制订自己的活动计划，让自己的内心不断地得到满足。

对那些正在努力工作的个人来说，保持良好情绪的最好方法就是要试图让自己从工作中找到快乐，让自己尽可能高兴起来，千万不要让工作中的烦躁情绪影响自己，并为此而难过。

面对生活中的各种困惑、烦忧，我们应该牢记“气大伤身”，学会宽容、学会理解、学会忍让，避免生气，好心情会让我们看起来年轻、快乐，会让我们健康、长寿。

4. 绝不在发怒时做出任何决定

人在愤怒的时候做出的决定通常都是错误的。冲动是魔鬼。当我们被愤怒蒙蔽了双眼时，悲剧就会在一瞬间发生。

有一位智者给了一个人一句忠告，那就是不要在生气的时候做任何决定。试想一下，有多少错误的决定和行为都是人在生气的情况下做出的？发怒时，人的情绪往往不受理智控制，举起手来就打人，别人的解释也听不进去。待气消了，后悔自己先前太冲动，但苦果已经酿成。后悔也来不及了。有这样一个小故事，读完令人掩卷沉思：

有一位经理，因妻子忘记调闹钟，早上起来晚了，发现上班快要迟到了，便急急忙忙地开着车往公司狂奔。为了赶时间，他连闯了几个红灯，最终在一个路口被警察拦了下来，开了罚单。到了办公室之后，这位经理犹如吃了枪药一般，看见桌上放着几封昨天下班前便已交代秘书寄出的信件，更是气不打一处来，把秘书叫了进来，劈头就是一顿臭骂。秘书被骂得很不爽，拿着信件，走到总机小姐跟前，没由来地狠批一顿。总机小姐被骂得心情恶劣之至，便找来公司职位最低的清洁工，借题发挥，对清洁工人没头没脑地就是一顿指责。清洁工没有人可以撒气，憋着一肚子闷气无处发泄，待下班回到家，看到读小学的儿子正趴在地上看书，衣服、书包、零食丢得满地都是，遂把儿子狠狠地教训了一顿。儿子书也看不成了，愤愤地回到自己的房间，见到家里那只大懒猫正趴在房门口呼呼大睡，一时怒由心中起，狠狠地踢了它一脚，猫尖叫一声，飞快地逃走了。

想一想，如果这位经理因为生气，在公司对客户说了不得体的话，客户一气之下取消了一笔大订单，那损失岂不是更大？因为生气，我们对人说话时，往往不够冷静，不够宽容，甚至本来很平常的一件小事，因为生气，做出了错误的决定，因小失大。当然，这些因为生气造成的后果还是轻的。甲和乙因为小事吵架，甲一怒之下，抄起身边的一根棍子，一闷棍把乙打成了植物人。这样的事情在生活中屡见不鲜，本来一件小事却搞出人命来。这都是一气之下，一时冲动造成的。所以，人在生气的时候，最好不要做任何决定。

我们在生气时所做的决定大多都是错的，即使对方是一个该杀之人，在举手之前，我们也应该想一想，这样做值得吗？有什么事情不能够平心静气地去解决呢？即使他确实该死，还可以用法律来光明正大地解决问题，自己动手的后果，真的值得吗？为了一个你讨厌的，你仇恨的人，把自己的前途、幸福也搭进去，值得吗？

控制自己的愤怒的确是件非常不容易的事情，要具备这种能力，有两个基本方法：

第一，请反复分析你的行动可能带来的严重后果。

第二，无论如何，你都要按照符合你最大利益的决定行动。

第三，在发怒的时候，要学会转移自己的怒气，暗示自己平静下来，都是好办法。当然，最好是保持良好心态，让自己别轻易发怒。

第四，保持平和心态，在生气时，不要用力踩踏地板，不要大声喊叫，不要紧握拳头，因为当你这样做时，你的潜意识可能会不经你的大脑，就将你的拳头挥出去。在心情激动之时，可以静坐下来，降低音调，情绪就会逐渐稳定。

当你发觉自己的怒气有可能无法控制时，不妨先离开让你生气的场合，或者去做别的事情转移你的注意力。尤其是在事情没弄清楚之前，千万不要乱发脾气。无论你怎样愤怒，都不要做出任何无法挽回的事来。

当然，怒气不要一味地忍在心里，因为，怒气虽然可以克制住，但这些情绪长期郁结在心里得不到发泄的话，会给我们的身体和心理造成严重伤害。所以，在控制住自己的怒气之后，你还要寻找一条合适的发泄途径，直到自己真的认为这件事不会给你造成伤害为止。

5. 你容不下生活，生活也容不下你

俗话说，你若容不下生活，生活也会容不下你。我们要怀着一颗宽容的心去包容生活中诸多的不如意，原谅上天对你的不公，宽容的品质犹如水一样，能够以自己的无形包容一切的有形。

生活中，想不受到一点伤害几乎是不可能的事，我们不能要求生活包容我们，只能让自己学会去包容生活。生活就像是水，人就如莲花，虽然落到了污水中，但仍然能依靠自身的力量去吸收污水中的养分，用身体的孔隙净化水源，开出美丽清洁的莲花。如果你接受不了你所处的环境，就只能为环境所淘汰。

有一只小蚌和同伴到海底嬉戏时，一粒沙子钻进了它的体内。它用了很多办法试图摆脱沙子，可每一次都失败了。最后它去找无所不知的老蚌，向老蚌述说自己的烦恼。老蚌笑呵呵地说："孩子，你别无选择，只能去包容那粒沙子。"它听了老蚌的话，用自己的身体去包容那粒沙子，终于有一天，那粒沙子变成了一颗晶莹圆润的珍珠。

其实人生何尝不是如此呢，河蚌包容沙子的结果是让沙子变成了珍珠，同样，我们包容生活中的苦难和伤痛，也会结出美丽的果实。面对生活中的"沙子"，我们试着大度地

去包容吧，用一颗博大的心胸去包容苦难和伤痛，只有如此，你才能够摆脱痛苦，甚至将痛苦包容成一颗美丽的珍珠！

如果你学不会包容生活，生活的沙粒就会时时刻刻折磨着你，让你时时感知到它的存在。除了包容这粒沙子，你别无选择，因为沙子是不会自动从你的身体里退出去的。

二战期间，两名年轻的战士在一场激战中，与部队失去了联系。两个人在一片森林中迷失了方向。幸运的是，他们打死了一只鹿，依靠鹿肉艰难度日。半个月后，他们仍然没能走出森林，背上仅剩下的一些鹿肉，背在其中一名战士的身上。

这一天他们在森林中遇到了敌人，二人巧妙地避开了敌人。这时，只听到一声枪响，走在前面的战士肩头中了一枪，走在后面的战友惊恐地跑了过来，他惊慌失措，语无伦次，抱起战友泪流不止，并撕下自己的衬衣给战友包扎伤口。

那天晚上，他们都绝望地躺在地上等待天明。受伤的战士一言不发，未受伤的战士一直念叨着母亲，身边的鹿肉谁也没动。天亮后，他们得救了。

30 年过去了，当年那位受伤的战士说："当他抱住我时，我碰到了他发热的枪管，我知道开枪的不是别人，就是我患难与共的兄弟。但当天晚上我就宽恕了他。我知道他想独吞我身上仅有的鹿肉活下来，仅仅只是想活着回去见到自己的母亲。30 年了，我装作根本不知道此事，也从不提及那段经历。战争太残酷了，我没有理由不宽恕他。可是，他的母亲还是没能等到他回来，我和他一起埋葬了她。那时，他跪下来，请求我原谅他，我没让他说下去，此后我们又做了二十几年的朋友。”

包容朋友的过错，他们成就了一段友谊的传奇佳话。包容，让我们的心不再痛苦；包容，让我们的生命如珍珠般湿润。用美丽的心灵去包容生活中的痛苦和丑陋，你会发现，原来的痛苦和丑陋也会因你的包容而变得美好。

也许，我们的心很小，空间有限，能力有限，容不下整个大海，但是，我们可以让自己的心灵去过滤那些会使我们受到伤害的杂质，我们改变不了生活的种种不如意，但是，我们可以学会避开那些我们不喜欢的人事纠纷。

有一段很经典的话："人的一生中必须有三次宽容：一是原谅自己，因为你不可能完美无缺；二是原谅对手，因为你的愤怒之火只会影响自己和家人；三是原谅朋友，因为越是亲密的朋友越能无意间深深中伤你。只有做到这三种宽容，你才能实现快乐和幸福。"

宽容不但是做人的美德，也是一种明智的处事原则，是人与人交往的"润滑剂"。宽容是能够让我们用爱来代替仇恨的武器，不战而胜；宽容能够把一些看似很难解决的事情化大为小，化小为无。宽容能够让我们吃得好，睡得好。没有任何烦恼能在宽容的心里过夜。一个人一旦拥有了宽容的美德，他的一生收获的将是满满的爱和财富。

6. 大智者必谦和，大善者必宽容

日本“松下电器”的创始人松下幸之助曾经说过：“谦和的态度，常会使别人难以拒绝你的要求，这也是一个人无往不利的要诀。”

俗话说：“大智者必谦和，大善者必宽容，唯有小智者才咄咄逼人，小善者才斤斤计较。”

富兰克林年轻时，很喜欢和人争辩，每辩必赢，他对此感到很得意。有一次，他的一位朋友把他拉到一旁，教训了他一顿：“富兰克林！当你提出与人相左的意见时，措辞总是那么强硬，这种话别人是听不进去的。有朝一日，你的朋友都将离你而去。事实上，你懂的确实很多，别人根本无法辩得赢你，他们会因此更加懒得与你交谈。如此一来，你的知识，将永远止于你的个人所学，你不懂得集思广益，最后将会变得非常贫乏、空洞。”

这段话给了富兰克林当头棒喝。富兰克林说：“从那以后，我给自己定了一个规则，永远不违拗别人的意见，同时也绝不固执己见。我甚至不允许自己使用任何过于强烈的用词，如‘绝对’‘毋庸置疑’‘千真万确’等，而只用‘我想’‘据我了解’‘我推测’等较缓和的语气来陈述自己的意见。当别人发表了我认为不对的观点时，我第一个反应就是先制止自己当面驳斥的冲动，然后列举出对方观点中一些值得商榷的地方。回顾50年来，我确实从未发表过任何措辞强硬的论断，而这种谦和的态度，却使我在议会里受到了普遍的支持。我的演说能力并不是很好，根本谈不上口若悬河，但我的主张，却仍能获得通过。”

一个博学的人，不仅要给人以有学问的印象，还要给人以好学的印象。如果你觉得自己学问最高，别人都比不上你，听不进别人的意见，就会给人无知的感觉。再博学的人也会有盲区，也会犯错误，犯了错误，要赶紧承认，虚心求教，别人不但不会小看你，反而会认为这正是你博学的真正原因。博学而好学人，他不仅不会受到人们的嫉妒，反而会受到人们的尊重，这就是谦和的结果。良好的人际关系网的形成，不是靠能言善辩，更不是靠争强好胜，而是靠谦逊的人生态度。

有一回，孔子带领弟子们在鲁桓公的庙堂里参观，看到一个特别容易倾斜翻倒的器物。孔子围着它转了好几圈，左看看、右看看，还用手摸摸、转动转动，却始终拿不准它究竟是干什么用的，于是，孔子就问守庙的人：“这是什器物?”

守庙的人回答说：“这大概是放在座位右边的器物。”

孔子恍然大悟，说：“我听说过这种器物。它什么也不装时就倾斜，装物适中就端端正正的，装满了就翻倒。君王把它当作自己最好的警戒物，所以总把它放在座位旁边。”

孔子忙回头对弟子说：“把水倒进去，试验一下。”

子路忙去取了水，慢慢地往里倒。刚倒一点儿水，它还是倾斜的；倒了适量的水，它就正立；装满水，松开手后，它又翻了，多余的水都洒了出来。孔子慨叹说："哎呀！我明白了，哪有装满了却不倒的东西呢！"

子路走上前去，说："请问先生，有保持满而不倒的办法吗？"

孔子不慌不忙地说："聪明睿智，用愚笨来调节；功盖天下，用退让来调节；威猛无比，用怯弱来调节；富甲四海，用谦恭来调节。这就是损抑过分，达到适中状态的方法。"

谦和的态度可以展示一个人真诚的内心和纯美人性的光泽。心存谦和的人，人们必然会对其产生敬意。谦和可以为我们赢得人脉，可以让我们具有亲和力、凝聚力和感染力，从而为我们的人生增添动力！

谦和的态度不是天生就有的，它需要我们不断地修炼。时时保持自省和警醒，杜绝心浮气躁、眼高手低，不断地进行自我检讨、自我审视和自我认知。只有具有谦和的态度，才能够看清自己，看清自己的缺点和不足，才能不断地提升自己、完善自己。

第九章

不要在爱的执着中迷失自我

爱情是人类永恒的主题，是人生不可或缺的亮丽风景，缺少了爱情的人生是不完美的人生。它给了多少人激情、甜蜜、力量和勇气，但是爱情又是一把双刃剑，它也曾让人生死相许，众叛亲离，因爱生恨，甚至反目成仇。所以，对待爱情要有一颗淡定、平和的心，在爱情中要保持应有的理智和独立，千万不要在爱的执着中迷失自我。

另外，爱情虽美，但它不是人生的全部，人生还有更有意义的事情等待我们去做，需要我们去努力追求。这样的人生才算是完美、幸福的人生。

1. 爱的伤害拖得越久伤得越深

爱得越深，伤害越大。既然有爱，就有可能失爱。当爱情不再，会对当事人造成极大的伤害。这种伤害是很难用理智、金钱或者言语去形容的。但是，不管怎么样，我们都要接受爱情不再的现实。可是，面对爱人的背叛，大多数人只纠结于我付出了多少，我还爱着他，我们不应该分开这样的想法里。事实上，如果一段爱情以背叛告终，基本上就没有什么挽回的余地。

阿华与前夫是大学同学，二人毕业后一同来到上海打拼。为了能在上海落脚，为了二人能有一个美好的未来，他们努力工作，一起攒钱买房子。辛苦，但快乐着。几年后，两个人在工作上都小有成就，感情也渐趋稳定，于是在双方父母的祝福声中步入了婚姻的殿堂。

没结婚时，两个人为了前程打拼，好强的性格也是帮助他们在上海立脚的利器。可是结了婚，谁都不服输的个性经常导致两个人为一些小事大吵大闹。两天一小吵，三天一大吵。在吵吵闹闹中，儿子出生了。以为有了孩子两个人的脾气都会收敛一些，有了孩子的笑声，两个人的感情也会更加稳固，更加幸福。谁想，孩子又成了夫妻之间争吵的导火索。两个人经常在如何喂养孩子的问题上意见不合，产生分歧。

阿华倒没什么，吵归吵，还是一如既往地爱着老公，为这个家尽心尽力。但孩子一岁时，阿华发现老公回家越来越晚，再后来就经常夜不归宿。阿华开始还以为老公在外面应酬，没往心里去，直到有一天，老公的同事私下里告诉阿华，她的老公有了外遇。

这时的阿华却异常冷静，她没有吵闹，只是把老公看严了，晚上不再让他出去。老公明白，阿华一定是知道自己的事情了。于是，他干脆向阿华提出了离婚。阿华不同意，老公二话不说，就搬出去和情人住在一起了。

“为了他，为了这个家，我和他一起在上海打拼，甚至放弃了出国的机会，为什么还要被抛弃？我到底哪里做错了？”阿华坚持不离婚，随着离婚大战的升级，她和老公已经视如仇人，但她还是不愿意离开他，宁愿两个人都痛苦着。“我不好过，他也别想好过。”

阿华就这样拖着，直到他们不得不离婚的那一天。

事过境迁，当又有了新男友的阿华回头再想想那段暗无天日的日子，真后悔自己没有及早放手。在发现老公有外遇的那一刻，她就应该潇洒地掉头而去。感情的伤害，拖得越久，伤得越深。

在遇到类似的情感纠葛时，聪明的人一定会权衡其中的利害，如果确定两个人在一起已经无幸福可言，就不要再做任何在一起的尝试，要当机立断，马上离开，因为拖得越久伤得越深。甚至，许多人带着这种仇恨过了一辈子，累及下一代。好合好散，散了，就当两个普通人相处，但永远都要记住，这个“仇人”只是你们彼此的，不要再把这种仇恨扩大到下一代或者上一代身上。

在爱情和婚姻中，不是付出就能得到好回报。在情感中，我们要多爱自己一点，不要因为爱迷失自己，伤害自己。在情感出现危机时，与其拖泥带水地让自己陷入痛苦，不如潇洒地离去。

有一个男人，生活很平静，也说不上幸福。他很现实地过着和所有普通人一样的生活。他心里也曾经有过对美丽爱情的憧憬，只是，他没有勇气用一生来等待这份爱情的来临。他以为这一生自己就会这样平淡地度过。可是有一天，他遇到了她，他们之间擦出了爱情的火花，一切都和他年少时的梦想一模一样。于是他们相爱了。爱得很深，很热烈，也爱得很无奈。就这样悄悄地过了几年。

他们曾经想到过牵手，但是不能，因为他们都有家。他们想到过分手，但是不能，因为他们都深深地爱着对方。可是，他实在没有勇气为了这份爱，去冲破世俗。他天生就是个凡夫俗子，他没有这样的勇气，他知道，自己这样的人，不应该得到这样的爱。

直到有一天，他意识到这样下去，对彼此都是一种折磨。与其痛苦地在一起，不如放手，留给对方一个美好的回忆。他走了，在她的世界里彻底地消失。在消失的那一刻，他明白了，原来有一种爱叫作放手。分手，不是因为不爱，而是因为深爱着彼此。

相爱的两个人，总是希望厮守，可是，总有一些原因，让彼此不能够达到心愿，这时候，与其苦苦纠缠，不如立即放手，还给对方自由，也让自己心安。真正的爱情不是得到，有时候，放手更是一种爱的表达。爱不是占有，而是能够看到对方的幸福。如果对方的幸福是你所给予不了的，那么就请放手吧，相信你的放手会让彼此的爱情变得更加温暖、更加高贵。

2. 得不到就放手，给不了就转身

爱情，不是你爱他他也一定爱你，不是你付出了便一定有回报。有些爱注定不属于你，无论你怎样努力挽留也无济于事。我们的一生可以经历许多爱，但千万不要让爱成为一种伤害。该放手的时候就放手，不要因为一时的不舍而伤害了自己。放手，你才有重新开始的可能，相信，下一段爱情，比现在的更好。

在一对情侣当中，当一方对另一方已经没有了感情时，硬绑在一起只会增加彼此的痛苦，只会让彼此的生活更加糟糕。明知道他已经不爱自己了，却还要死守着残缺的感情，让自己的人生陷入不幸之中，这是一件多么愚蠢的行为。与其让彼此在痛苦中倍受煎熬，倒不如大度一些，松开紧握的手，还对方自由。

阿微和李卓原本不认识，阿微到一个陌生的城市工作，朋友便介绍她去投奔李卓，并嘱咐李卓要多照顾一下阿微。就这样，两个人认识了。几次交往之后，阿微就喜欢上了李卓，但李卓对阿微没有丝毫的兴趣。他只是看在朋友的面子上，对阿微尽心照顾着。

甚至，连周围的朋友都认为，阿微和李卓是天生的一对儿，有意无意地撮合着他们。但李卓就是不动心。后来，阿微从李卓朋友口中知道，他本来有一个十分相爱的女友，不幸的是，女友前年去世了。从此，李卓就沉浸在对前女友的思念之中，对其他女孩子连正眼都不看一下。

阿微听了这个故事之后，不但没有对李卓死心，反而更执着地认定这个男人就是自己这辈子非嫁不可的人。其实，李卓也不是对阿微没有感觉，毕竟，一个寂寞的男人身边有个女人对他好，照顾他，他怎么会没有感觉。但他就是无法忘记前女友。就这样，他看着阿微围前围后地照顾着自己，不说爱，也不让她走开。阿微最近也在犹豫，该不该对这个男人继续抱以希望，是等下去还是及时抽手？阿微希望，李卓真的能从那一段感情中走出来，即使他选择的不是自己，她也会很开心，并为他祝福。但李卓能够知道，除了前女友之外，还有一个女孩子如此无私地爱着自己吗？

我们一定会觉得李卓很痴情，这才是真正的爱。可是，一个人陷在旧爱里，让自己不幸福、不快乐，真的有必要吗？因为对过去的不舍而忽略了眼前的幸福，不是很可惜吗？

放手，不过是回到了起点，回到了你们当初素不相识的日子，在他没有出现之前，你也曾快乐生活过，失去他，你不过是回到了起点而已。

如果你觉得自己为这份感情付出的实在太多，放手太“亏”，那么，接下来的伤害会让你发现，你抓得越紧，拖得时间越长，你的亏就吃得越大。爱走了，就没有理由再继续了，与其与一个已经不爱自己的人苦苦纠缠，倒不如放开双手，还彼此自由。

阿枫和阿红曾是一对恋人，在恋爱的日子里，两人总有说不完的话，每晚的10点是两个人煲电话粥的时间。每天睡觉前，他们都互发短信，道晚安。阿枫认定了阿红就是自己这辈子最爱的人，他已经打算向阿红求婚了。不过，就在阿枫筹划自己的求婚计划期间，他发现，阿红对自己有些冷淡了，经常找借口匆匆挂掉电话。

一天，阿枫赶着见一个客户，在酒店门口，无意中他看到了一个很像阿红的女人的背影，她上了路边一部很豪华的车子。他刚想追上去，车门已经关上，很快就开走了。阿枫想，一定是自己看错了。阿红怎么会在这里呢？她现在应该在上班的。

但从那天起，阿红就经常找借口说自己忙，不再赴阿枫的约会。阿枫感到非常焦虑，因为他不知道阿红到底是怎么了，自己是应该坚持下去，还是应该放手?

这样折磨了一个多月，阿枫决定和阿红好好谈谈。阿红最后向阿枫摊牌了。她说，阿枫给不了她想要的幸福。阿枫知道，他给不了阿红想要的那种富有体面的生活。他祝福了阿红，很平静地起身道别。

分手后的阿枫虽然心里很难过，但他依然很平静，努力地工作着。虽然他很爱阿红，分手虽然让他难过，但他至少知道了结局，反而比先前那种不知道结局，每天在猜测中煎熬安心多了。

几年后，阿枫成立了自己的公司，身边有一个很爱自己的女友。

也许让我们舍不得的那个人只是我们生命中的一个匆匆过客，我们没有必要挽留，因为有些人和事不是我们的挽留就可以留下的。放手以后，去寻找真正属于自己的爱，经营属于自己的感情。给自己，一份真正的幸福。

3. 没有谁离开谁就活不下去的道理

人生不过百年，谁离开了谁都死不了。在爱情里淡定的人，从来不会把对方看成是自己的幸福稻草，不管有多么相爱，他都理智地保持一个独立的自己。即使所爱的人抽身远离，他依然能够按照自己的步调一如既往地生活。

相爱的人总是喜欢对对方说："没有你，我活不下去。""没有你，我不会幸福。"事实真的是这样吗？当你真的失去他时，我们就真的不能再拥有幸福了吗？其实，没有谁离开谁就活不下去的道理。没有他，你依然可以活得很美好，依然可以找到一个全心全意爱你的人。

女孩与男孩自上高中就是同学，直到大学毕业，谈了整整7年的恋爱，女孩认定了这辈子，她和他注定要牵手走完。毕业之后，两个人省吃俭用，贷款买下一套小房子，房子不大，但女孩很满足。每天都很细心地打扫他们的小屋，把家收拾得一尘不染，种花种草，为他，褒一锅汤，等着他回来。直到她发现他跟另一个女孩走得很近，并且对已经摆到日程上的婚事开始闪闪烁烁。她没有吵闹，也没有揭穿他，她对男孩说："应该结婚了吧？"男孩只是扭过头去，装作悠闲地看着街头的风景说："再等等吧。"女孩的心在一刻彻底凉透，也许，她还可以争取，可是，她没有再多说一句。

那天晚上，她哭了整整一夜。清晨，她精心打扮自己，然后，发短信约他到他们常去的咖啡厅见面。女孩故意迟到了一会儿，正当男孩等得不耐烦打算离开时，她盛装而出，款款而至。男孩很惊讶，女孩平时不是一个喜欢打扮的人，虽然素面朝天的她也很漂亮，但真没想到，化过妆的她是如此美丽。他笑着问女孩：“今天是什么日子，这么隆重?”

女孩淡淡一笑，平静地说：“今天，是我们分手的日子。”然后伸出手来道别，优雅地离开。

无论男人还是女人，在爱情完全失去时，给对方最大的报复就是潇洒地说“再见”。一个人也照样可以活得精彩！

感情的背叛和伤害，痛只是一时，在伤害发生的那一刻，你会痛苦，会无助，感觉活不下去，但是，当事情过去之后，你会发现，失恋其实也没什么，你反而有了重新选择感情的机会。你会发现，下一个人比上一个更优秀，更适合你。

有的人会不甘心就这样结束自己辛苦经营多年的感情，一个心结没有打开就做出傻事，以为这样就可以一了百了，这是非常愚蠢的做法。这个世界不会因为谁的消失就过不下去。在一个不值得你爱的人身上不要做过多的停留，该放手的时候就放手。如果他已经没有了爱你的心，空守着一具躯壳有什么用呢？倒不如松开手，做一个优雅的转身。

恋爱中的两个人，如果一个人硬是把失恋看作人生的终结，看作世界的末日，只能说明他太傻！不要以为自己就是琼瑶剧的主角。没有了那个人地球照样转，生活照样继续。

在放手的那一刻，你或许会感到绝望，感到一种深入骨髓的痛。当你与曾经爱得死去活来的人陌路相逢时，你恍然发现，曾经的天长地久只不过是眼前的萍水相逢。也许在松开双手的那些日子里，你会悲伤，总觉得没有他的生活满是黑暗，人生没有了意义。可是，日子长了，痛苦也就淡了，没有那段感情的纠缠，心反而平静了，那个曾经认为无法忘掉的人的模样也变得模糊起来。

放开手，就意味着放开了过去，让我们和过去的痛苦说“再见”吧，这个世界没有你，我会活得更好。放开已经没有可能的感情未尝不是一种幸福，未尝不是另一种收获。经过了失恋，我们会变得更成熟，更理智！我们会在一次牵手后更从容，更淡定！

4. 并非得到真爱就幸福

幸福的源泉是真爱，但只要有一方没有真爱，幸福就会失去原有的意义。只要男女真心相爱，即使终了不成眷属，也还是甜蜜的。

真爱并不是得到了就会幸福，有此感受的人在生活中比比皆是。

读大学时，李奇对同班的王露很有好感，但王露当时已经有了男朋友，所以，李奇只能默默地把自己的这一份感情放在心里。他苦苦暗恋了王露 4 年，而王露却一直把他当作是哥们，在男朋友那里受了委屈，王露就跑来向他诉苦。李奇从来都是认真倾听、安慰。

毕业后，李奇特意和王露去了同一家公司，作为好朋友和同事，李奇更加无微不至地关心她。看到她累了就送一杯咖啡，知道她贪睡而不吃早餐就常常为她准备好面包和牛奶。

有一天，王露跑来哭着对他说："我和他分手了，他有了别人了。"李奇把她拥在怀里说："不要难过，有我在，不会让你受委屈的。"

就这样，王露刚失恋就和李奇好上了。如愿以偿的李奇处于幸福之中，更加无微不至地照顾王露。但是，不管李奇对王露怎么照顾，王露和李奇在一起时总是开心不起来。在失恋的那段时间里，她身边极须有个人安慰自己，一旦王露从失恋的阴影里走出来之后，她发现，自己对李奇除了感激之外，怎么也喜欢不起来。但看着李奇为自己忙前忙后，疼爱有加，王露又不忍心去伤害他。

李奇也感觉到王露的情绪不对劲，甚至有时候发现她对自己很冷淡，但他一直幻想能够用自己的真心去感动王露，让王露真正爱上自己。

一年一次的情人节到来了，李奇订了一大束玫瑰送给王露。收到鲜花的王露却吞吞吐吐地对他说出了闷在自己心里很久的话："对不起，我知道你对我是真心的，但是和你在一起后我并不幸福，整日整夜地心里内疚，当初我只是因为感动和需要安慰才接受你的，是我对不起你，可是，我不能再继续下去了。这样对你更不公平，伤害更大。"李奇听后像是早有预料，显得非常平静。这段时间他也深深明白：虽然得到了，结果还是让两个人都不快乐，这样下去对谁都不公平。

人生并非得到了真爱就能幸福了。握在手里的爱，并不一定就是你真正拥有的，也并不一定就是幸福的。爱情是双方的，真爱绝不是让一个人为另一个人牺牲，而是两个人共同经营，彼此幸福。在真爱面前，很多时候需要自觉地放弃，如果你发觉对方已经不爱你时，就放手。因为，紧紧握住的，是你的真爱，而你却不是他的真爱。这样的你们，谁都不能幸福。人生的路上，铺满了爱的花蕾，相信总有那么一朵真正属于你。

没有谁能够一直陪我们到老。一个人无论陪你走了多远的路，最终你们还是要分开的，而一起走到老的人，不但有感情中的离别，还有生与死的离别。如果这样想了，即使分手了，你也不会那么伤心，反而会祝福对方幸福。

不要为了一个人而活，一个人去承担两个人的爱情是很痛苦的，只有两颗心去真心经营爱情，那才是真正的爱情。相爱的两个人，要面对的不仅仅是两个人的感情和生活，还要共同担负生活中的一些难题。比如，许多做妻子的经常让老公在自己和婆婆之间选择一个。其实，你和老公才是一体的，你们要一起面对如何和婆婆相处的问题。而女人把这个难题扔给自己的老公，那无疑就是把自己和这个家分开。所以，我们常常感到不幸福。因为你没有和你的伴侣一起面对生活的难题。不要以为有了真爱就有了幸福，如果你们不做好一起面对生活的准备，就不会拥有真正的幸福。

这个世界上，不光只有爱情，有时候，一个人所谓的爱，牵一发而动全身，那种为了自己的爱情而牵扯到亲人利益的爱情是非常自私的。我们不光要有爱情，还要有家人，有亲情，我们怎么可能不顾家人和朋友的心情，不顾别人的感受去爱，去追逐？也许你会在真爱离开的时候感到难过，但是总比失去自己好，更何况，这个世界上没有谁离开谁就活不下去的道理……

5. 珍惜，让你的爱情近在咫尺

虽说爱情需要用心去等候和追求，然而有些固执的等待也可能是劳而无功的。也许，在你等待的同时，也有一个人同样静静地守候在你的身边，为什么不珍惜身边已经拥有的幸福？很多人直到失去时才悔悟，原来，身边的他，曾经就是最大的幸福、最真的爱情！

有人说，能和自己结婚的，可能并不是你最爱的那个人，也不是那个最爱你的人，而是在最合适的时间出现的那个人。生活就是这样捉弄人，想要的得不到，不留恋的却偏偏赶也赶不走地赖在身边。有一天我们同样也会失去，失去那个曾经守在身边朝朝暮暮的人，有一天他也会离你而去。如果到那时你才惊觉在今生有限的生命里，他一直默默地陪在你身边，而你从不曾好好地爱过他一次！

张强的老婆因病去世，这时，他才痛苦地回想往事，觉得自己对不起老婆。“那时，我从家里出来打工，身上一无所有。两个人，一张床，连件像样的家具都没有。那阵子，我身体不好，大冬天的，她每天晚上，给我熬汤喝。可是我当时年轻，脾气臭，动不动就和她吵架。现在我想弥补已经来不及了。”

有些情，失去了才追悔莫及；有些人，失去了才后悔没有珍惜。看看我们的身边，父母、配偶、子女，这些还在身边陪伴我们的人，总有一天都会离开我们。如果你不希望在他们离开后才后悔的话，就请珍惜吧！不要等他们离开的时候，才惊觉，你从来不曾好好爱过他们，没有为他们做过一件你应该做的事。

一个老先生在病榻旁拉着昏迷中的妻子的手说：“醒来吧，我们环游世界去。”50 年前他们刚结婚，本来想着去法国度蜜月，但是刚结婚，哪来那么多钱，想着等有了钱再去不迟。之后，他们又要抚养子女，赡养父母，于是，他们说，等着退休吧，退休了我们就去。

退休了，子女要结婚，结了婚又给他们生了孙子，他们又主动承担起带孩子的责任。孙子们总算上学了，不用他们带了，他们这才想起自己年轻时的梦想。看看银行存款，不多不少，刚好够一趟国外旅行。他们又计划了一年，才决定夏天的时候就跟着旅行团去法国。可是，这个计划还没有实施，老伴就突然心脏病发，住进了医院。没过几天，老伴带着遗憾离开了人世。

年轻时，我们觉得时间多的是，一切梦想都可以慢慢来。直到有一天，我们老了，才惊觉，时间过得是那么快，连伴侣最小的一个梦想，都不曾真正地去实现过。佛陀说：“十年修得同舟渡，百年修得共枕眠。”相识是缘，相恋更是莫大的缘分。如果我们早知道，多付出一点宽容，一点忍耐，一点关爱，一点体谅，便可以留住幸福的时光，可以免去泪水流过长夜的痛楚。那么，就让我们好好珍惜眼前吧！珍惜眼前属于自己的人，珍惜那颗爱着自己的心！好好地珍惜，好好地把握……

这一生有多少人可以出现在我们的生命中？答案是很多人，那又有多少人可以长久地停留在我们身边，答案是很少人，那还有多少人可以永远地陪伴着我们，直到死去？答案是没有。既然结果是这样，那么我们应该怎么办？答案是珍惜眼前人，珍惜身边人！珍惜眼前拥有的一切！当我们觉得自己不够幸福时，请检查一下你的身边人，看看你是不是忽略了当下所拥有的，不要等到失去了才发现曾经的拥有是那么的可贵！

6. 我们不光要爱，还要生活

经过了失败，才会懂得珍惜。我们曾经在不同的人身上做实验，然后选择、放弃，再选择、再放弃。直到有一天，我们终于明白了，其实，我们都看错了方位，找错了重点，因而再选择时便变得从容不迫、淡定自如了。

我们认为，人只要有爱就行了。其实，爱情本身不能令人幸福。

一个男孩子和一个女孩，刚刚交往的时候，两个人在一起很开心。可到了后来，男孩看见自己的同学都到国外发展时，也想考雅思。女孩为了让男孩没有任何顾虑、全力以赴地学习，于是让他辞了工作，自己承担了他的生活费。

男孩考了三次雅思，一次不如一次。男孩无事可做，每天不是在家里打游戏，就是睡懒觉或者出去跟朋友吃饭、喝酒。日子一久，女孩觉得，在男孩面前自己又当姐，又当妈，还要当厨娘。最后，她实在受不了了，对男孩说："我不是你的保护伞，你早该长大了。"

无论男人，还是女人，在爱情和婚姻中都有可能遇到这种"长不大"的人，他贪玩，不喜欢出去工作，不懂得为家人承担责任。他任性，不考虑别人的感受。这都是长不大的表现。这样的人依赖性很强。如果你不幸爱上了这样的人，后半生不是当爹就是当妈。

我们以为有爱情就可以解决一切，甚至可以改变对方，让对方成熟起来。但事实往往不是这样的。所以，在选择自己的终身幸福时，我们一定要排除一切感性，理智地思考你与他（她）未来的人生。如果你们之间只有爱情，你就要仔细思考一下，一个只有爱情而没有责任心的人，值得托付一生吗？

对女人来说，男人的责任感尤为重要。如果对方暂时没有好的经济基础，那你要看仔细了，你想托付的这个人是否在为你们的未来努力地打拼，如果没有，那就理智些吧。相信，真正爱你的人不会忽略你的牺牲，不会舍得让你跟着他一直辛苦。他会为了你们的未来积极奋斗，也许他暂时给不了你面包，但他为你的将来已经预定好了一块更好的面包。

他和她初相识，正是与她年龄不相符的孩子气的容貌吸引了他，他以为她是某高中的学生。一打听，才知道，她是某商场的行政总监。他很难想象，在如此复杂的世界，她是如何保持这份孩子般的纯净与天真的。他不免对她另眼相看。最初，关于她的一切，他都是听朋友说的。他的朋友和她曾是同学，朋友告诉他，像她那样的女人是不能娶回家的，单调、没特色。

但他并不这样认为。若是从前的他，一定会对这样的女人不正眼瞧一下，但经历过感情失败的他知道，女人的智慧远比脸蛋更重要。那时候，他喜欢漂亮而孩子气的女孩，心甘情愿地为她做饭，赚来的微薄工资几乎都为她买了礼物。她不知道疼人，只会为一次不能满足的心愿就大吵大闹，威胁要分手。3 年后，他终于承受不住，任由她远去。她很快就找了一个有钱人嫁掉了。有一次，他看见她珠光宝气地从酒店里走出来，坐上一辆豪车，他突然觉得很轻松，他终于明白了，这样的女人再好看，也终究只是好看。

如今，成熟的他，一眼就能认得出哪个女子更值得自己相守一生。后来他真的遇到了一个值得自己真心去爱的女孩，经过半年猛烈的追求，他终于如愿抱得爱人归。事实最终也证明了他的选择没有错。她虽然不漂亮，但是很可爱，和她在一起很舒服。她能干，独立，她是一个完整的女人，而不是男人的肋骨。她把家布置得井井有条，让他一回到家就有种十分温暖的感觉。

如今，曾经不看好他们的朋友不禁都对他竖起了大拇指，说他找到了块真正的“宝玉”。

的确，不成熟的爱情多以外貌定论，而成熟的爱情则看对方是否适合“过日子”。两个同样在爱情和婚姻中淡定的人，才能真正保持长久的伴侣关系。娶回一个不知什么时候便会掉头转身离去的人，那真是给自己找不自在。

我们选择一个人结婚，只看外貌是不行的，我们还要去考虑对方的性格、能力。希望对方能够给自己安全感、稳定感。一个口口声声说爱你的人，所做的行为却不是爱情的表现，这样的爱情，值得要吗？我们不光要爱，还要生活。

7. 爱，就要接受对方的全部

这世界上不存在完美的人，也不存在和自己步调一致的人。在家庭生活中，女人要打造一个完美的老公，男人要塑造一个完美的妻子。这样的做法是错误的，这样的家庭，除了四分五裂，没有别的路可走。

不少夫妻在婚前感觉对方处处都合自己的心意，可婚后却发现两个人的生活习惯天差地别。比如，极爱干净的人遇到了极邋遢的，性子急的遇到的偏是个慢性子。两个人都希望对方能为自己而改变，并为此闹得不开心。其实，世上没有完全相同的两片树叶，兄弟姐妹自小在一个家庭长大，性格习惯也都是天差地别，更何况是两个自小在不同家庭环境中长大的人。那么，面对伴侣不合自己意愿的喜好、性格、习惯，我们要怎么办呢？

不知道小时候的你有没有见过父母互相挑剔对方缺点的生活经历。母亲讨厌父亲身上的酒精味，讨厌他卫生间里的臭袜子。可是，她讨厌了一辈子，父亲也带着这些个坏习惯过了一辈子。父亲讨厌母亲每天唠叨，讨厌她火暴性子，一点就着。可是，母亲照样风风火火一辈子，而且越老越火暴。尝试改变伴侣的性格和生活习惯，可能性有多大？每个人都会为自己的所作所为找到充分的理由。所谓江山易改、本性难移，他原本就是这样一个人，连父母用棍棒打骂都不曾使他改变，更何况你一个半路插进来的人。

其实，既然决定爱了，就要爱他的全部，不仅要爱他的优秀，还要接受他的缺点。

哲学家苏格拉底的老婆性情暴躁，经常当众给他以难堪。有一天，苏格拉底正在和学生们讨论问题，他的老婆不知何故，忽然叫骂起来，骂着骂着，又提起一桶凉水冲着苏格拉底劈头盖脸地泼了下去。苏格拉底无处躲避，全身湿了个精透。学生们既觉得好笑，又觉得尴尬，都面面相觑。心想，不知老师会做何反应。只听苏格拉底幽默地说道："我早知道打雷之后就要下雨的。"从中我们不难看出，苏格拉底对老婆性情的包容。

在网络上有一段很流行的话："你能做的最好的事情就是找到一个人，他爱你，接受你的一切，无论你是开心还是生气，无论你是丑陋还是美丽，他在你身上每个部位都能看到阳光，遇到这个人，你就要坚守他一辈子。"

爱，就意味着包容对方的全部，包括对方的优点和缺点、过去和将来，所有与之相关的所有人和事。这个世界上没有真正十全十美的人，我们不要过分追求完美。如果你一定要追求完美，实际上是堵死了通往爱情的路，更确切地说是通往婚姻的那扇门，世界上没有一个人是完美无缺的。完美只是在理想中存在。生活中处处都有遗憾，这才是真实的人生。所以，珍惜身边的人，虽然他有这样或那样的缺点，但是他是最爱你的人。如果你也爱他，如果和他在一起你感到安全和快乐，那么你就要好好珍惜他。也许，他不是最好的，但他是最适合你的那个。

苏林可以说是一个完美的妻子。人长得漂亮，学历又高，在一家效益不错的单位当个小领导。不仅如此，她对老公和孩子更是关怀备至。每天早上，她会第一个起床，给家人做好一顿丰盛的早餐。下了班，又是一桌色香味俱佳的饭菜。不仅如此，苏林对公婆照顾得也很周到，逢年过节，早早就备好礼物，和老公一块儿去看望二老。在别人眼中，娶了苏林是她老公这辈子最大的幸福，朋友大都“羡慕嫉妒恨”，抱怨自己的老婆不及苏林的三分之一。

可只有苏林的老公知道娶一个完美妻子的苦处。原来，苏林是个追求完美的女人，不仅如此，她还希望老公也能和自己步调一致。比如，在家里，每双鞋子都要摆在固定位置，每件日用品用完都要及时归位，甚至衣柜里衣服都要分门别类从大件到小件地挂好，厨房里的碗筷都不能摆错位置。但老公平时大大咧咧的性子，每天像个女人一样细心，他怎么可能做到呢？做不到，苏林就会喋喋不休。从早上起来一直到晚上入睡，只要有苏林在，老公就要忍受苏林事无巨细的“教导”。

甚至老公在外面说了哪句不得体的话，做的哪件事不够周全，苏林都要指责一番。在苏林面前，老公觉得自己就像一个被母亲教训的孩子。苏林用她自己的完美来要求和改变着家人，付出了许多，但老公一点都不幸福。

轻松过日子，不完美又何妨！自己完美还不够，还希望自己的家人也能和自己一样完美，不仅把自己搞得很累，也把身边的人弄得心情糟糕。事实上，苏林如果不强求老公也和他一样成为完美主义者，不再以严苛的标准要求老公，也许，她会过得更加开心，老公也会更加爱她。这样的妻子才是真正完美的妻子。

没有谁能够把人生中的各个角色都扮演得很完美，甚至，我们在每个角色的扮演上都会有缺陷。正因为我们都是有缺憾的人，我们都经历过缺憾，才能够和缺憾和平共处。

也正因为有缺憾，人生才有了与众不同的面貌，男人和女人的组合才可以互补。如果两个同样追求完美的人遇到一起，会怎么样呢？千万不要以为你们会锦上添花，恰恰相反，两个人会看彼此都不顺眼，并且都希望对方和自己步调一致。最终的结果不言而喻。所以，无论男人和女人，在婚姻中，都要问问自己，你是要一个健康的、相爱的家人，还是要一个虽然完美，但彼此却不相容的人？

第十章

守护生命中似淡实浓的真情

情到真处风轻云淡，爱到深处似水流年。真爱淡如水，却经年累月，经得起考验。“死生契阔，与子相悦。执子之手，与子偕老”，这是对爱情的淡定；“我能想到最浪漫的事，就是和你一起慢慢变老”，这是对婚姻的淡定。爱不是什么繁华堆砌的物欲，只是简单的十指相扣，在年华岁月里一起老去，一起坐在躺椅上细细地想年轻时候发生的种种，然后在满是皱纹的脸上露出浅浅的微笑。

1. 一日三餐的爱情最有滋味

生活中有太多的现实问题需要解决，现实需要爱情也需要面包！所以，婚姻生活注定是琐碎而平淡的，婚姻是否幸福，不是看有多浪漫，而是看你如何去经营。常言道："好日子是调理出来的。"只要你会经营，你就能拥有幸福的生活。

从两情相悦到彼此间的心灵默契，再到最后携手走进婚姻的礼堂，家庭的重担就落在了每对有情人的肩上。尤其是女人，从婚前等待男友的鲜花和到哪里吃饭的优越生活状态，变成了整日泡在结算账单、洗衣做饭这些生活琐事里。指望每天都是吃烛光晚餐是不可能的。婚姻生活原本就是重复而单调的。尤其在有了孩子，父母都年老之后，生活的重担全部落到夫妻二人身上时，恐怕再没有人会奢望浪漫。下班能够有一顿虽然不丰盛但却冒着热乎气的饭菜吃，有一张虽然不豪华但却温暖的床，打开四肢，舒舒服服地睡个好觉。这就是生活最大的幸福和愿望。作为老婆或老公的你，是否能够给家人一个停靠的港湾？婚姻，说白了就是一日三餐。平淡的婚姻只要有浓浓的深情来维系，柴米油盐的日子也可以过得有滋有味。

几年前，他和她的婚姻就已危机重重。是的，他们的生活太平淡了，平淡得都想逃离。但他们认为，使婚姻平淡的绝不是自己。他指责美丽温柔的她已经变成了一个黄脸婆，每天在家除了做饭就是看电视。她指责他不顾家，成天和牌友打牌，回家放下筷子就是上床睡觉。

他说："看看你自己，我多看一眼就觉得倒胃口。"

她说："对你来说，麻将比我和孩子更重要。我已经对你失望透顶。"

二人开始还大吵大闹，后来，干脆冷战。回到家，两个人谁也不看谁，谁也不说话。他把苦恼说给朋友听，朋友说，大家都一样，可能结了婚都这样吧，凑合过吧，为了孩子。

终于有一天，妻子说，离了吧，这种日子我实在过不下去了。

离就离吧。他想起第一次送花给妻，她一脸的柔情妩媚。想起他们刚结婚那一阵，三天两头出去玩，疯得够呛。生活这是怎么了？难道婚姻最终都是这样平淡吗？

决定离婚之前，他们决定一起到老家跟父母说一声。

那天，父亲正在自家院子里种菜，他们刚走到门口，还没来得及叫爸妈，却看见瘦小苍老的母亲走过去，用毛巾一边给父亲擦汗一边说："别太累了，悠着点，也不看你多大岁数了。"父亲粗声粗气地说："一会儿就干完了。"低下头去照样干他的活，母亲手里拿着毛巾又给父亲擦背上的汗。

他们没有对父母说出离婚的决定。在吃饭的时候，父亲和母亲几乎沉默着，偶尔说话，也不过是"你要吃红薯吗？""少喝点，你身体不好""明天你去赶集买点蒜回来"，类似这些柴米油盐的小事。他们的生活中，除了一日三餐之外，还有什么浪漫可言呢？可是，那天，他和她都有种说不出的感动。临走时，母亲拉着二人的手说："两个人走到一起不容易，过日子，过日子，过的就是柴米油盐。你们一定要好好的。"

在回家的路上，妻子在一个水果摊上顺手买了几个苹果，他想起自己身上带着水果刀，就掏出来，递给妻子，妻子接过去，慢慢削起苹果来。削完一个，她递给他。他们什么话也没有说，他吃着甜甜的苹果，妻子把头靠在他肩上，他顺手搂过她。他真的体会到了父母这一生看似没有爱情却能白头到老的真意。这才是真正的爱情啊，两个人结婚，不就是为过日子吗，过日子不就离不开柴米油盐吗？

如果我们希望婚姻像谈恋爱时一样，每天都是浪漫，每天都是惊喜，真是很自私的想法。女人希望自己在婚姻中是永远的女王，男人希望在婚姻中女人还像恋爱时一样风情万种。其实，不仅对方不能满足我们自己的愿意，就是你自己，也没有办法每天不食烟火地过日子。毕竟，人生几十年，天天在压力中生活，除了柴米油盐，哪还有力气去浪漫？当婚姻出现问题，出现了不如意时，夫妻双方都不要互相抱怨，要淡定下来，考虑解决问题的方法。像故事中的老夫妻一样，他们的生活几十年如一日，可是，靠着深情来维系，也过得有滋有味，也可以白头偕老。

2. 给平淡的婚姻加点儿“料”

不要以为浪漫只是那些有钱人的专利。不要以为浪漫就是用鲜花、烛光、音乐营造出来的梦幻世界，世界上也有不需要金钱就能制造出来的别致的浪漫。如果把婚姻比成一道菜，那么快乐就是佐料，加不同的佐料就会有不同的味道。即使我们身无分文，照样可以得到快乐。

一天中午，女孩晓晓从天桥边走过，心情有些惆怅。她正在纠结是否要和男朋友分手。因为，男朋友一连几年，工作都没什么起色，父母要晓晓尽快和男朋友分手，趁年轻找一个有经济基础的男友结婚。但晓晓非常爱男友，她也听过“贫贱夫妻百事哀”的俗语，所以，她虽然确信自己爱着男友，但不知道自己是否能够真的忍受清贫的日子。

这时，她看见一个男子背着一个女人吃力地走上天桥。男子已经累得大汗淋漓。晓晓想，一定是他女友生病了吧？当他们从她身边经过时，晓晓看见男子的两腿抖得厉害，于是赶忙上前去帮忙。“她生病了吗！是去医院吗？”男子却低头不语。晓晓有些生气，我在帮你，你不说谢谢就算了，怎么连问话也不回答呢？

来到天桥上，男子背上的女人却突然跳下来，大笑不止，男子一边擦脸上的汗一边向晓晓道歉：“对不起，谢谢您，我们不过是耍着玩。她没病。”

“……”晓晓有些尴尬。那女人止住笑，跟晓晓解释说：“今天是我们结婚3周年纪念日，我们特意来逛街，本想买东西庆祝，不过看上的都太贵了，翻翻钱包里的钱，买哪样钱都不够。我就想，干脆让他背我吧，虽然要费点力气，但省钱。以后他年年都要这样背我，直到背不动为止……”她说着又笑起来，掏出手帕给老公擦汗，老公憨厚地笑，一脸的幸福。

晓晓也被逗笑了。她的心情一下子开朗起来。她不再犹豫了。她相信，这就是她想要的日子，只要有他在身边，有他温暖宽厚的背，没有什么过不去的坎。

在婚姻中，两个人要相扶着过日子，平淡的婚姻不等于不幸福的婚姻，只要经营得好，平淡的婚姻一样可以过得精彩。当然，要维系其健康与生命力，不妨给平淡的婚姻加点儿“料”。如果双方不懂得调剂婚姻情调，在日复一日的单调中过日子，感情再深的夫妻也会相对无言，在这种状态下，夫妻的任何一方，只要有新的爱情向他招手，换成谁都会变得没有招架之力。

婚姻需要激情，激情能使爱情保鲜。在这里要对将步入婚姻殿堂的恋人和结婚多年的夫妻说，如果你们珍惜自己所拥有的那份真爱，就要不断给“爱情”这朵人世间最美丽的花浇水、施肥、捉虫。

有一个男人结婚 20 多年，但他从来没有觉得婚姻生活单调过。他的经验是，给婚姻生活增添一些情趣。比如在妻子忙累了的时候，老公会适时出现在沙发边为她做几下“三流”的推拿，虽然很不专业，但老公说：“好歹是‘异性按摩’，再说了，‘三流’总比‘下流’好。”不仅对妻子，对家人，他同样善于调解气氛，只要有他在，家人从来不感觉沉闷。试想，有了这样的生活态度，平淡的婚姻生活还会缺少情趣吗？

3. 在婚姻中，我们要多换位思考

婚姻出现问题，往往是因为双方在一些小事上各执己见。如果夫妻双方学会换位思考，学会从对方的角度去分析看待一件事情，就会得到不同的结果。可能会增进彼此的感情，也可能会避免一场家庭战争！

出现问题的夫妻间，都认为自己在婚姻中付出得比对方多，心理不平衡，容易抱怨、唠叨，甚至产生不可调和的矛盾。比如，男方认为自己工作比较累，挣得多，女人应该多做家务；女人认为，我又带孩子又要上班，回到家还要伺候一家子。男人出差回来，没有给女人买礼物，他的理由很简单，我给你钱，你自己想买什么就买什么，我给你买的你又不一定喜欢。女人认为，你买的是你的心意，我要的是你的爱，不会在乎你送我什么礼物。你送什么我都喜欢。两个人明明都相爱，却都认为对方不够体谅自己，不够爱自己。这是因为我们不会替对方着想，不会换位思考。如果我们学会换位思考，学会从对方的角度去分析看待一件事情，就会得到不同的结果。可能会增进彼此的感情，也可能会避免一场家庭战争！

前两年，丈夫去香港办签证。回来时他给他的父母、姐姐、姐夫、儿子，甚至同事都多多少少地买了些礼物，给自己买了块名表，给谁都买到了，就是没给老婆买。他对此的解释是："原本想给你也买块表，付款的时候才发现身上的钱不够了。"

老婆也没有把这件事放在心上。只是有一次和同事闲聊，同事说老公每次出差回来都会带礼物给她。她当笑话般提起了自己的往事。同事瞪大眼睛说："你老公这样做实在太过分了，要换我，我早闹翻天了。还能饶过他？"

她不生气，是因为她有自己的想法。父母是世上最应该报恩的人，所以，给父母的礼物不能少。老公的姐姐在老公上大学时，把一半工资都寄给他做生活费，怎么可以少了姐姐的礼物呢？姐夫这些年也不容易，自己经常出差在外，不着家，大事小情都靠姐夫照应。所以，姐夫的礼物也是不能少的。当然，好不容易去趟香港，给儿子的那份惊喜是绝对不能少的，他早就期待着爸爸早点回来，带给他那双想了很久的名牌球鞋。老公腕上的表已经旧了，和客户出去谈生意显得很寒酸，正好去香港，可以买到又好又便宜的表，当然一定要抓住这个机会。至于她，不过是一个坐办公室的小职员，根本用不着戴表。如果当时老公打一个电话征询她的意见，她肯定也会这么分配。我的礼物？咱俩还分你我吗？我是外人吗？把钱花在刀刃上才是正理。

所以，她对同事说："因为老公没把我当外人，所以才没给我买礼物。"

她回家与老公说了这件事，说了自己的看法，老公抱住老婆说："我怎么娶了你这样一个通情达理的老婆！"

妻子的做法就是换位思考。

换位思考看似是一个非常简单的道理，然而在实际生活中却很难做到这一点。很多人会认为别人总是不理解自己，不体谅自己，而自己呢，却也很少想到或者真正做到全面去理解爱人。男女的思维方式不同，女人的许多心事男人都无法理解或者理解错误，其实谁也没错，缺少的就是体谅和理解，如果你能站在对方的立场想想看，你才能真正地理解你的爱人。

在婚姻中，如果我们不能理解对方的难处，不能理解对方的想法，最好的办法就是让彼此换一下位置，如果在对方的位置上，他应该怎么想，怎么做？有什么感受？难过不难过？开心不开心？比如有一个当媳妇的年轻时总是骂婆婆恶，骂婆婆身上全是不是，直到儿子长大，自己也成了婆婆时，媳妇才理解了婆婆当年的难处。原本两个形同水火的人，到了年老时，倒处得跟亲母女一样，知心知意，知冷知热了。

家庭不是真空的，家庭是需要用感情来维系的，而感情，说穿了，就是相互理解，相互照应。缺少了相互二字，感情就会失去平衡。所以，家庭成员之间不能求对方单方面地理解自己，你要求对方理解自己，也要试着去理解对方。“我真想不通你是怎么想的”“我真搞不懂你为什么要这么做”这样的话还是少说为妙。如果你实在搞不懂，就试着和对方沟通，如果经过沟通还是搞不懂，就试着把自己放在对方的位置上去想一想，如果我是婆婆，我怎么想？如果我是老婆，我会不会伤心？如果我是儿子，我会不会生气……而家庭矛盾，更没有孰是孰非，有些事，大家互相忍一忍，体谅一下，就过去了。

4. 沟通，让心与心相通

家庭成员之间，情侣夫妻之间，沟通是交流想法、维系感情的重要方式。心灵相通、情感共鸣可让心与心的距离拉近。沟通可让彼此更了解，理解可让沟通更容易，及时沟通、相互理解，相处才会更和谐。

作家简·奥斯汀说："幸福的婚姻不仅需要交流思想，也要交流感情，把感情关在自己心里，也就把伴侣推到自己的生活之外了。"一句话可以把人说笑，一句话也可以把人说跳。所谓夫妻关系和夫妻感情如何，实际上就是夫妻之间的交流效果如何，也就是能否沟通，良好的沟通能让夫妻间的情感升温。

沟通，有助于双方了解彼此的思想、情感和意向，消除误会，共同生活。可夫妻由于共同生活在一起的时间较长，往往认为，夫妻之间，有些事两个人用不着说得太明白，对方就应该明白，就能心领神会了。但谁都不是谁心里的蛔虫。就像妈妈总说，我最了解我的孩子了，可实际上，多数妈妈又经常发出感叹：我真不理解现在的孩子！你生养出来的小孩，都不可能完全知心，更何况是原本两个有不同背景、不同性格、不同性别的陌生人。每个人都带着幻想进入婚姻，以为另一半是用来弥补自己生命中缺少的那一半的。

千万不要如此天真。即使血脉相连的父母子女，我们都不能苛求他们和你保持一致，更何况是你的另一半。

有一个男人，每次吃鱼，他都抢着吃鱼头，把鱼肉留给妻子。同样，妻子每次都特意把鱼头留给丈夫，她自己吃鱼肉。几十年过去了，夫妻俩都老了，家里的条件好了，每天都有鱼吃。这一天，老婆刚把鱼头拣到老公碗里，老公犹豫着说："老婆，今天的鱼咱俩一人一条吧。我好想吃顿鱼肉。"妻子十分惊奇："你不是喜欢吃鱼头吗？"

"谁说的，那些年，咱家不富裕，我每次都装作喜欢吃鱼头，好把鱼肉留给你吃。"

妻子叹了口气说："其实我好想吃鱼头和鱼尾，却吃了一辈子的鱼肉。"

好感人的故事，也好感伤。这对恩爱夫妻相爱了一辈子，但他们显然犯了一个错误：缺乏沟通。

我们给予了对方自以为最需要的爱，而对方，可能并不需要。如果大家多做一些沟通，了解到对方的需要再给予，不是更好？老公出差回来，兴冲冲地给妻子看礼物，是一件大红色的上衣，可是妻子却不喜欢红色，她觉得自己穿着大红色的衣服，像个怪物。如果老公平时和老婆多沟通，多了解一些妻子着衣的喜好和服装的知识，就不会发生这种花了钱、妻子却不喜欢的事情了。

当然，夫妻之间还有一种沟通不对等的情况存在。即一方希望沟通，喜欢沟通，另一方却不喜欢。有的人天生内向或者觉得伴侣对自己的理解不够，沟通太多，反而因为大家想法迥异而发生不愉快。妻子跟老公说，你脱下的袜子赶紧洗掉，不然扔在那里整个房间都是臭的。老公说，我每天下班都感到很累，只想脱掉鞋和袜子，躺下来休息一下。妻子听了很生气，说，你只顾你舒服，你的袜子那么臭，别人怎么生活？这种沟通就是不成功的沟通，搞得双方都不欢而散。所以说，不是沟通就能解决所有问题，但这并不意味着，因为一方“不可理喻”就放弃沟通。即使沟通不成功，至少，你也明白了伴侣和家人的想法，并学着去“迁就”他们。

在婚姻和家庭生活中，良好的沟通可以让家人获得无穷无尽的乐趣，使家庭成为“快乐大本营”，比如，老公一边吹口哨一边洗碗，无疑是向妻子说：“为老婆洗碗是我的一大乐事”；妻子做了一顿丰盛的晚餐，你搂住老婆，说一句“老婆大人辛苦了”，不过是伸伸手的事，却能让妻子心里乐开了花。总之，要随时随地和妻子或老公沟通，告诉他（她），你和他（她）在一起很快乐，你对他（她）的表现很满意等。要告诉他，你因为他（她）今天做的哪件事、说的哪句话很开心，以及为什么开心等。“老公，你帮我洗碗，我觉得我太幸福了。”“老婆，你买的衬衫太合适了。你都快成为我的形象设计师了。同事夸我好帅！这都是老婆大人的功劳。”

不要以为夫妻间的沟通可有可无，相反，这种沟通是非常必要的。要知道，和同事、和上司不沟通，顶多是人际关系不好，可是，不和伴侣沟通，那却是伤筋动骨的后果。轻则家庭关系不和，重则分道扬镳。如果你的另一半拒绝沟通，你要想想到底是哪里出了问题。多从他的角度出发，理解他，帮助他，相信，很快，他就会把你当成自己的知己，无话不谈了。

5. 真正的体贴蕴藏在细节之中

在相爱的两个人的眼里，对方的一切小事都是大事。小事好比鞋子里的沙子，大事好比是巨石，遇到巨石的时候，相爱的两个人往往可以互相联手，想尽办法翻过去；而鞋子里的沙子如果不及时处理，就会让情感之路越走越疲惫。

一位芝加哥的法官约翰·萨布斯在过去的十年间，曾亲自处理过近两万件婚姻危机案件。经过努力，他使3000多对夫妻重归于好。回首多年的工作经历，他深有感触地说："很多夫妻之间的矛盾多是由于疏忽了一些小细节，如老公上班时，老婆常常忘记了跟他说'再见'。在细节方面，男人显然做得没有女人好。许多男人就因为不注意从细节上关心自己的妻子，而使爱情之花从这些细节开始一点点枯萎。"

爱情不是风花雪月，而是平平常常的关心体贴。再多的甜言蜜语，也敌不过一个温柔的眼神，一个关照的细节。无微不至的体贴会让我们更加真切地体会到幸福。

什么是爱，爱就是两个人都相互把对方放在自己的心上，时时刻刻给对方多一点点关心、多一点点疼爱。星云大师说："爱情不是今天送她黄金，明天送她首饰，就能维持长久，物质能赢得一时的欢喜，却得不到永久的感情。夫妻的感情要靠相互体贴，有时候需要彼此问一句：你好吗？你做得动吗？你的体力吃得消吗？你需要我来帮你一下吗？所谓患难夫妻，互相体贴，比荣华富贵更能维系感情。尤其现在的夫妻，既不计较每日朝夕相处，也不在于长篇大论地说教，而在于轻声细语的关心。有时候多看对方一眼，或是相互一个微笑，一点体贴就是夫妻感情的强力胶。"

有一对夫妻，年轻时家里很穷。他们唯一的奢侈品可能就是摆在小屋中间的那台 14 英寸黑白电视机。虽然清贫，但他们互敬互爱，日子倒也过得闲适。老公爱看球赛，老婆爱看电视剧。老婆看电视时，老公若无其事地在一旁看书；老公看球赛的时候，老婆在旁边打毛衣。

一天晚上，电视里正在直播一场重要的球赛，老公正兴致勃勃地看着，电视机突然白花花一片，老公一下子变得像热锅上的蚂蚁，使劲对着电视机拍拍打打，老婆来帮忙，把天线摇来摇去。

"好了！"老婆的手无意间触到天线，电视图像居然又清晰了，声音也好了起来。

“还是你行!”老公脸色阴转晴，坐了下来，继续看球赛，老婆也松开手准备继续打毛衣。可刚一松手，图像又恢复原样了。回到原地方，图像又清晰了。老婆似乎找到了规律，原来，自己这根天线显然比电视机上的天线更管用。

“太精彩了!”球赛结束了，老公兴冲冲起身。每当这时候，老婆都会第一时间把他推到一边去，赶紧调台，抓紧时间看她的电视剧。他抬头正要招呼老婆，却发现老婆站在电视机旁手扶着天线，正在打瞌睡。老公叫醒老婆，老婆手一松，天线落下。“沙沙……”图像又模糊了……

后来，他们把家迁到了市区，三室两厅的新房，买了大屏幕液晶电视，装上了进口的“家庭影院”，只是那台清贫时期的黑白电视机，他们仍舍不得扔掉。

家不一定要拥有豪华的装修和家具，却一定要有两颗互相关照的爱心。家不一定是宽敞明亮的豪宅，却一定是充满温情的小窝。

在他递剪刀给你时把刀尖朝向自己的那一瞬间；在你为晚归的他留一盏灯并醒着一颗心牵挂的当儿；在每次你不顾他的不耐烦仍一再叮嘱他不要熬夜、不要吸太多烟、不要喝醉酒的时候；在他带来你无意中说出的喜欢的东西的某个晚上……所有这些你并不在意的生活小细节，无不显示出夫妻间的浓情厚意。这种爱是无言的，是他包容你的小脾气、坏情绪，是你宽容他的健忘和偶尔的过失，是怄气后的和解，是风雨中的同舟共济……

婚姻是一种艺术，婚姻里从来就没有小事。聪明的夫妻，总是懂得如何处理婚姻中的小事，让他们的爱情充满浪漫的温馨。爱在细节中，“一花一世界，一沙一天堂”，有时候，一句暖心的话，一个关爱的眼神，一个细微的动作，都会使夫妻关系更加融洽。

6. 家，不是说理的地方

在婚姻里，没有比争执更令人受伤的事，也没有比相爱更令人幸福的事。少些争执，多些容忍，让家成为我们避风的港湾，而不是风暴的聚集地。

家不是说理的地方，而是讲爱的地方。有人把家当成说理的地方。与老婆丈夫讲理，与父母子女讲理，殊不知家不是讲理的地方，家是讲爱的地方。“按理说，应该……”诸如此类的话，我们在生活中经常会说，但在家庭里，许多事情却不能按照常理去做。

一位母亲在女儿的婚礼上对女儿和女婿说：“家不是讲理的地方，更不是算账的地方，家是一个讲爱的地方。不是有这么一句话吗？男人是泥，女人是水，所以男女的结合不过是‘和稀泥’。婚姻是两个人搭伙过日子，如果什么事都深究‘法理’，那只会弄得双方很疲惫。”

孩子在学校受了委屈后，回到家对妈妈发脾气，这是因为他把家当成了最安全的避风港，他需要一个绝对可靠的人来发泄心中的委屈。当老公在公司跟客户应酬了一天之后，他回到家，第一件事就是脱掉西装，彻底卸掉面具，把臭脚丫子搭在沙发上看会儿电视。当妻子劳累了一天后，等丈夫回家，就只想跟他发发牢骚，使使小性子。家就是让我们彻底放松的地方，家就是让我们发脾气时就可以发脾气，想偷懒时就可以偷懒的地方。如果妻子埋怨老公回家不洗袜子不洗脚，老公埋怨老婆唠叨，让他耳根不清净，妈妈抱怨孩子净给自己惹祸，成天操不了的心……本来，每个人都抱着放松、休息、寻找安慰的目的回到家里，却因为太过讲理，谁的心里都没有舒坦。

有一对夫妻，平时恩爱。有一天，妻子加班，老公在家正好没事，从来不做家务的老公，突然心血来潮，心想平时都是老婆做家务，自己结婚这么多年从没帮把手，不如今天我就趁老婆不在家，把家收拾一下，老婆回来一定开心死了。一想到老婆回到家惊奇地睁大眼睛的情形，他立刻来了精神，说干就干，从里到外把家打扫得一尘不染。妻子下班回来，开玩笑地说："太阳怎么打西边出来了？是不是在外面做了对不起我的事啊？"

老公马上反驳："我就是想让你高兴高兴！"

谁知妻子眼泪涟涟地说："做了10多年夫妻，现在，你才想起让我高兴？"

老公也马上说："我上班也不轻松，成天累得跟死猪一样。好不容易帮你干一次活，倒落一顿埋怨？我拼命工作，还不是为了你和孩子。你这个人怎么这么不讲理？"

妻子说："你说谁不讲理？这么多年，我为了这个家，放弃了晋升机会和爱好，我容易吗？你才帮我做了一天家务，就算为我着想了？"

本来一件很好的事，因为两个人都太想争这个理，结果又吵了一架。

两个人过分强调谁对谁错，凡事都要弄个水落石出，其实亲人之间的理哪里能讲得清楚。更何况，人都是各有各的理，就算你在理，你赢了，又能怎么样？赢了理，失了亲情，哪个合算？当然，亲人之间难免因为不顺心而吵架、拌嘴，发生矛盾。我们只要记住，不管发生什么事，亲人永远是我们生命中最重要的，永远都不能抛弃的人。理屈的那一方不必因此就怀恨在心，占理的那一方也不必抓着理就不放。既然家不是讲理的地方，我让你或你占理，又能怎么样？

家不是讲理的地方，更不是算账的地方。

家庭中的理，有时候真是讲不清的，家庭中的账更是算不清的。你欠我的，我欠你的，本就是一本糊涂账。但家庭成员之间的感情却是不能用钱和道理来算清、讲清的。反而是越讲越没理，越算亲情越淡。家人之间，难免你多得一点，我吃亏一点。这样的账算不清，也不应该算清。很多家庭就是因为太计较于经济账，大家觉得自己付出得多，理都在自己这一边，最后搞得与兄弟姐妹父母都不和，磕磕碰碰地过日子，实在不应该。

俗话说，清官难断家务事，家庭的事的确不好评判。评判家庭里的事情，也不能太较真，所以有人说家从来都不是讲理的地方。道理虽然简单，可是多数人做不到。家是讲情的地方，不是说理的地方，夫妻若要论理，则家无宁日。

很多女人都觉得，谈恋爱时，男友对她很好，只要不出格，说啥都听；而结婚后，成为老公的男友的表现却大相径庭，判若两人。究其原因，有人说，谈恋爱时，男人似乎能容忍女人的不讲理；而结婚后丈夫不再是恋爱时处处让着她的男子，而要求老婆做事讲道理，然而这个讲道理难免要伤害夫妻的感情。

所以说，家的确不是讲理的地方，家是讲爱的地方，家最需要的是宽容和理解，宽容和理解是增进夫妻感情的良药，多注意对方的优点，多表达对她的爱意，多包容对方偶尔的不讲理，夫妻才能其乐融融。

7. 最幸福的事就是和你一起慢慢变老

有首歌里这样唱道：“我能想到最浪漫的事，就是和你一起慢慢变老。直到我们老得哪儿也去不了，你还依然把我当成手心里的宝。”岁月消磨了青春的容颜，却让两颗心越靠越紧。生活中，我们见识了太多的海誓山盟、太多的风花雪月，其实人世间最真最深的情，莫过于平平淡淡地相知相守、相濡以沫。

俄国著名诗人普希金曾说过：“各种年纪的人都顺从爱情，如同春日骤雨之于土地。经过一番激情雨露的滋润，年轻的心会更茁壮、成熟、清新——强壮的生命将向它赏赐鲜艳的花朵、甜美的果实。”

年轻时，我们不仅要爱情，还要激情、要浪漫，因为年轻，彼此都会认为这个世界少了谁都同样精彩，便多了份坚持，少了些理解，婚姻就在一路磕绊中走了过来。进入中年，生儿育女，为了柴米油盐奔忙，夫妻间激情消退，爱情化为浓浓的亲情。当儿女长大，有了自己的生活，就像长大的小燕子都有了自己的爱巢，家里剩下的，是年老体弱的老头、老太。这时候，夫妻之间剩下的只有精神上的相互依托和生活上的相互照顾。

夫妻二人，从青年到中年，到老年，一路走下去，不论是激情是爱情，是吵闹还是扶持，几十年后回头想想这些生活的点点滴滴，就像一根绳子把两个人捆在一起，变成生命不可分割的一部分。到年老时，除了想到扶持，不再有别的念想。只要对方能够好好活着，陪着自己说说话，生活中彼此有个照应，就心满意足了。此时，再没有什么能够影响他们之间的感情，他们不再会像年轻时那样，经常为一件事吵得不可开交，不再心猿意马。这不仅是因为他们老了，再也折腾不起，也是因为几十年的感情再不好，也早就化成了浓浓的亲情，是彼此生命的一部分。

一天，某医院的门诊室，来了一对老夫妻，生病的是老头子，检查结果是胃癌。老婆婆悄悄对医生说："医生，我家老头子得癌症的事千万不要告诉他。我们都瞒着他，怕他知道有心理负担。我和老头儿结婚 50 多年了，平时没少跟他吵架，都说心情不好就容易得那病，现在想起来，当时斗啥子气嘛，唉！"说着，已经有泪花在她眼眶滚动。说完她接过检查单子交费去了。

老头见老伴交费去了，就走进医生办公室对医生说："医生，我得的啥病我早就知道了，从得的那一天开始我就知道情况不妙。都活了这么大岁数了，我什么都看开了。我假装不知道，是怕老伴伤心啊。老伴跟了我 50 来年了，没过一天好日子，我以前脾气不好，没少打她骂她。如今，我老了，儿女见我病了，都躲得远远的，还不是老伴，不离不弃地守着我。老了才知道老伴的好。我觉得对不起她啊！"

听了这番话，又看到老伴搀着老头慢慢走出医院大门，医生、护士的眼睛都不禁湿润了。

这是让许多年轻人动容的一幕，俗话说："少年夫妻老来伴，执手相看两不厌。"人老了，不可无伴；老夫老妻在一块儿，没事可以聊聊天，相互有个安慰，有个头痛脑热的也能互相照应，互相体贴。

有首歌里这样唱道：“我能想到最浪漫的事，就是和你一起慢慢变老。直到我们老得哪儿也去不了，你还依然把我当成手心里的宝。”夫妻在长期的婚姻生活中，你有恩于我，我有恩于你，你中有我，我中有你，彼此牵挂，相互体贴。人间最完美的婚姻不过如此。

第十一章

淡定不是看破红尘，而是看透人生后依然热爱生活

最大的淡定，不是看破红尘，而是看透人生以后依然能够热爱生活。这个世界本就不完美，面对不完美的世界，人生怎能没有失望，没有遗憾，没有苦难？真正的淡定，是坦然地接受，而不是逃避。最值得钦佩的人，不是一生一帆风顺，而是历经磨难后依然笑对生活的人。

1. 人生要耐得住寂寞，才能守得住繁华

但凡成功者，一般都要经历一段孤助无援的寂寞时光，也许，别人会讥笑他不自量力，嘲笑他不切实际，而淡定的人，从来只相信一句话，耐得住寂寞，才守得住繁华。寂寞，不过是黎明前的黑夜，挺过去就好了。

一个男孩辍学到城里打工，因为没有特别的技术，只好替快餐店送外卖，工作很辛苦，高峰期一天得送 600 份快餐，收入却很微薄。别人看着他身材瘦小，一脸孩子气，便问："是不是不想上学，逃学出来的？"他说："我想上学。""想上学为什么不在家里上学？"顾客奇怪，细问之下，才知道他妈妈病了，常年药物不断。残疾的父亲在镇上摆了一个烧饼摊，他只能出来打工，一来可以减轻家里负担，二来，可以接济一下家里。

送外卖这种活是没有人干得长的，没有人会一辈子送外

卖。但男孩却在那家快餐店一干就是6年，很多人亲眼看着他从一个小男孩变成英俊青年，远近市场的商贩没有没吃过他送的外卖的。当他们想吃快餐时，第一个想起的就是给这个男孩打电话。

了解内情的人都问他，为什么不换个工作，难道你就这么喜欢送外卖？他笑而不答。

终于有一天，男孩的外卖生涯结束了。他用多年的积蓄，加上贷的一部分款，开了一家家政服务公司。家政服务行业竞争激烈，一个刚刚起步的小公司很难站得住脚，但他的公司却生意火爆。其中原因只有他自己最清楚。他在送外卖的6年中，认识了几千位生意人，他们是城里最需要家政服务的群体，而他，给他们留下了最好的印象。当他创业时，这些人自然成了他的客户。

如今，这个已经不能再称之为男孩的男孩在城里开了多家连锁公司。问及他的成功，男孩淡定地回答："如果我说，成功，就是送6年的外卖，你信吗?"

日复一日地简单重复地做一件事，表面上没什么改变，但实际上，当完成从量变到质变的飞跃时，你就会为自己多年忍耐寂寞的成果大为惊喜。仿佛桃花经过一个冬天的寂寞与忍耐，只需借助一阵东风，便立刻繁花枝头一样。人生只有耐得住寂寞，才守得住繁华。

在南美洲的安第斯高原，生长着一种名叫普雅的花。普雅花盛开时非常美丽，花期只有两个月，花谢之时，整个花株也随之枯萎。但更让人想不到的是，普雅花为了短短两个月的花期，却要等待100年的时间！之所以要等这么多年，自然与恶劣的自然环境密切相关，人的成功也和普雅开花一样，是一个很漫长的过程，但我们却并不需要等上100年，10年，20年，或者再多一年。如果我们连10年等待都忍受不了，就很难成功了。

寂寞是每个人都要经受的心理考验，寂寞是人生的一种精神历练，人只有拥有一颗淡定的心，才能耐得住寂寞，只有耐得住寂寞，人才能无论面对何种环境，都能够坦然接受。

我们最好每周甚至每天都给自己挤出一段时间独处，在独处中，把自己的杂念和烦恼都抛到九霄云外。如果你现在风光得意，那么，就更有必要经常保持独处的习惯，以便我们对自己的人生有更清醒的认识，不至于在追逐中丢失了本性。很多人的成功都是在经历了人生低谷之后的飞跃，而那些受不了寂寞的人，往往都在红尘的喧嚣中迷失了自己，找不到方向，任命运带着自己沉浮。

2. 即使天塌下来，也要有一颗淡定的心

假如有人告诉你，明天就是世界末日，天和地会合在一起，世上所有的生物都会消灭，你最想做的事情是什么？我只想说："现在我还活着，活着真好。"

有人问，灾难面前，死神面前，我们还需要淡定吗？是的，淡定就是从容，从容就是天塌下来，也要笑，也要歌。那么，我们要如何淡定？

那一年，10 岁的小唐沁正在和同学们排练六一儿童节的节目。他们载歌载舞，满怀欢喜地期待着六一尽快到来。就在这时，教学楼剧烈摇晃起来。老师带着孩子以最快的速度往教室外面跑去。当唐沁跑到 3 楼楼梯口时，教学楼彻底坍塌了下来，她被一块预制板砸中左腿，倒在两块预制板缝隙间动弹不得。唐沁没有哭，她试图搬开压在腿上的预制板，可是小小年纪的她怎么可能搬得动？一股钻心的疼随即传来。

当爷爷赶到学校，找到了被压在预制板缝隙里的孙女后，把她抱到了操场上。随后，妈妈也赶到学校，看到满身血污和尘土的女儿，禁不住号啕大哭。尽管唐沁的左腿钻心的疼，她却反过来安慰妈妈说："妈妈不哭，我没有什么事情。"

2008 年 5 月 17 日，广汉市第四人民医院医生为唐沁的左腿做了钢板螺钉固定手术。主治医生说，唐沁的左腿上部粉碎性骨折，这种骨折非常疼痛，大人都难以忍受。手术进行了 3 个小时，唐沁的左大腿安了 15 厘米长的钢板、8 颗钢钉，缝了 24 针，但唐沁没喊过一声"疼"，也没流过一滴眼泪。相反，面对地狱般的磨难，10 岁的小唐沁清秀的脸上却挂着甜美的微笑。她的微笑被誉为"地震中最美的微笑"。

面对死神微笑的不仅仅只有唐沁，已经在废墟中掩埋了

76 个小时的高二学生曹健强被成功营救了回来时，躺在担架上的他却冲着救援队和围观的人群，面带笑容，挥了挥手。他的微笑温暖了在场的所有人。

有人不禁要问，他们还是孩子，怎么笑得出来。他们小小年纪，怎么就参透了人生，学会了豁达？是的，懂得乐观的未必是经风历雨的大人，反而是纯真赤诚的孩子。因为在面对生死那一刻，孩子们比成年人更渴望活着，活着真好，能够活着，我比很多人都幸运。不管我们身在何境，受着什么样的苦，我们都要告诉自己，活着真好，只要我还活着，就是最幸运的事，还有什么比这个更让人开心的？

再进一步说，即使天塌下来，一定要死，我们也要淡定，要微笑，因为，反正都是一死，为什么不笑着死？既然结局已定，为什么还要哭？哭能改变结果吗？如果不能，我就微笑。

生命自它诞生的那刻起，就在与死亡做搏斗。生与死，只有一线之隔，佛说：生死呼吸之间，一口气转不过来，即成来世。

生命很顽强，也很脆弱，死亡有时很容易，仅仅就是几秒钟的事情，有时候天灾、人祸，会在瞬间带走一个个鲜活的生命。当你明白了这些，便会觉得活着是一种幸福，便会觉得活着的每一分钟都是不容易的，活过的每一秒都是值得庆贺的。因为，在生命之旅中，我们战胜了无数的天灾、人祸，才有平安、健康、幸福的生活。生命是脆弱的，拥有活着的权利的我们无疑是最幸福的。

3. 苦日子也要有声有色地过

你一定看到过穷人脸上的笑容，看到过富人脸上的忧愁。一块糖，塞到穷人和富人的口中，都是一样的甜。为什么不享受口中当下的甜味，却忧心于明天没有糖吃呢？再苦的日子，也会有甜味的。

一个老妇人说起自己年轻时和老头子处对象的故事：

她和他是由媒人介绍认识的。她第一次到他家里相亲那天，男方留她和媒婆吃午饭。菜只有两道：两个荷包蛋外加一碗萝卜丝。其中，那两个鸡蛋是向邻居借的，萝卜则是自己种的。

在回家的路上，媒婆说男方家又穷又小气，劝她还是算了，这样的家庭嫁过去哪会有好日子过。不过，她心里另有自己的想法。她觉得，男方家日子过得那么穷，可是，他却能把萝卜做得那么好吃，可见是一个很会过日子的人。她第二次到男方家时，男方刚好捉了一些鲫鱼。招待她的菜仍然只有两道，一碗是油煎鲫鱼，另一碗是红烧萝卜。她称赞他萝卜做得很好吃，并问他是怎么做出来的。他说："下次你再来，我请你吃另一种口味的萝卜。"

从此，她每次到男方家都充满了期待，不知道他当天会做什么样的萝卜呢？

那是她一生难忘的日子，因为她吃遍了所有口味的萝卜：清炒萝卜、清饨萝卜、白焖萝卜、糖醋萝卜、麻辣萝卜、萝卜干和酸萝卜等。这一吃，就是好多年。

当有人问她当初为何不找个条件更好一点的，却嫁给了一个只会烹饪萝卜的男人时，她说："当时我认为，一个男人，能够把萝卜都做得有滋有味，我想他同样能够将清贫的日子过得有声有色。"

生活中，总是有人整天闷闷不乐，但这并不能证明他们比那些每天开心的人不幸。你说你的工作不如意，同学都比你混得好，工资比你高；你说别人家的孩子回回考试都是双百，自家的孩子成天惹是生非，操不完的心；你说楼上的邻居天天找碴儿，与这样的人为邻真是倒霉透顶。其实，你不开心，并不是因为你的生活很糟糕，而是因为你的心不肯快乐。相反，那些淡定的人，不以物喜，不以己悲的人，就是在苦日子里也能找到甜头，喝白开水也能喝出茶的清香来。

任何人生活在这个世界上，都可能与不幸不期而遇，这是难以避免的。然而，当不幸降临的时候，千万不要觉得世界末日到了，要记住这只是暂时的。与其愁眉苦脸地过日子，不如让自己活得漂亮、快乐一些。没有过不去的坎，哪怕明天就是世界末日，该幸福还是要幸福。

生活如水，放一点糖，它就是甜的；放一点盐，它就是咸的。想调制成什么味道，全在于自己的心境。再穷的人也能说出一大堆令他开心的事，日子再难过，也仍然有期盼，有幸福，有开怀大笑。钱多不见得幸福，家徒四壁也不见得不幸福。有钱人就按有钱人的方式去生活，没钱人就按没钱人的方式去生活，同样都可以过得幸福。

现代人守着衣食无忧的日子，却总觉得自己身上的衣服不够漂亮，房价涨得太高，汽车买得起养不起。明明衣食无忧，身体健康，却把甜日子过得苦苦的。一些老人看到年轻人天天抱怨不止的样子，挂在口头的一句话就是“身在福中不知福”。我们都希望自己更富有，更漂亮，更快乐。但是，你也应该明白，即使啃着黄连过日子，也要学会苦中作乐，把苦日子过甜。

什么是苦日子？也许有人认为是贫穷，是从不知鲍鱼为何物的清淡时光。但事实是快乐与财富不能画等号，快乐与地位也没有关系。真正诠释快乐和幸福的人，不是富豪，不是权贵，往往是那些地位平凡甚至地位卑微的人，他们用自己的行动，向人们诠释了快乐的内涵：幸福，不在于外在环境多么优越，而全取决于自己的心境！也许还有人认为，苦日子是遭遇了不幸的打击，但实际上不幸也没有剥夺你快乐的权利。比如，诺贝尔发明炸药，屡试屡败，可他最终浑身是血地从火堆里边爬边兴奋地高喊：“我成功了！”

日子是苦是甜，并没有一个标准可以界定，只要我们的心态是积极乐观的，那么，即便是苦日子，也能过出甜滋味。

4. 人生云水过，平常心自然

平常心告诉我们——在滚滚红尘中，你面临浮躁、悲喜、嫉妒、荣誉、不平、迷茫、沮丧、恐惧，甚至绝望时，要用一颗对生命的感恩之心善待自己、宽容他人，在平平淡淡中万事随缘，真正感悟平常人生之无限魅力。平常心是尘世中的微笑，是物欲中的淡泊，是风浪中的平静，是困厄中的坦然。

星云大师到台湾某地讲经弘法，半路上遇到了严重的堵车。为了不耽误时间，当地政府派了两辆警车一前一后，专门为星云大师开出一条通路来。随行的徒众一阵欢呼，皆面露得意之色。大师将这一切看在眼里，他不失时机地问徒众："假如警车载我不是去赶赴会场、不是去讲经弘法，而是押着我准备送进囚牢，你们心中会有什么想法？"

"那心情就大不一样了。"众人纷纷道。

星云大师说道："一般人上了台就好欢喜，大肆庆祝，一旦下了台，就失魂落魄，好像人生死了一半。实际上，不管上台下台，都应该平常心看待。上台也好，下台也罢，都要欢喜。"

大师说的就是平常心。人生是悲是喜，是好是坏，是风是雨，对淡定的人来说，都不过是人生最自然不过的事，不值得大惊小怪，更不会随之改变自己的情绪。平常心就是在任何场合下，都能自然放松，保持最佳的心理状态。大部分人都很难做到拥有一颗平常心。缺少平常心的人总是不能满足，艳羡别人的富足，看不透世间的名利得失。在生活之中，因物质的多寡而烦忧。没有一颗平常心，我们就无法体味人生幸福的真谛。

马寅初曾因“新人口论”遭到批判，并被撤销北大校长的职务。那天，他正在家里看书，儿子从外面回来，说：“爸，你被撤职了！”他头都没抬，目光还在书上，只淡淡地应了一声：“哦！”十几年后，马寅初平反昭雪，官复原职。这天，儿子又从外面回来，告诉他：“爸，你官复原职了！”他眼皮都没抬，继续翻他的书，似听非听地应了一声：“哦！”

在我们的日常生活中，愈是具有平常心的人，愈能幸福。

从前，在迪河河畔住着一个英格兰最快活的人，他的名字叫杰克。杰克是那么的快乐，从早到晚，不管有多忙碌，他总是歌声不断，他的快乐也“感染”了周围的人，只要是见到杰克的人，就会不由自主地快乐起来。

有一天，从来都不知道快乐为何物的国王听说了杰克的事后，就马上赶到杰克家里，向杰克请教快乐的方法。国王来到杰克的磨坊，就听到杰克在快乐地唱歌。于是，国王说：“亲爱的杰克，如果你能够告诉我快乐的秘诀，我愿意用国王的位置跟你交换。”

杰克很快乐地说：“让我做国王吗？哈哈，那可不行，我可不是做国王的料儿。再说，我也没有什么快乐的秘诀。我也不知道国王您为什么事不开心。我只知道，我为什么而高兴。我的工作足够养活我和家人，我有爱我的家人，我也爱他们，妻子贤惠，孩子健康。我的生活什么都不缺了，我有什么理由不开心呢?”

原来，这就是快乐的秘诀呀。杰克快乐的秘诀是什么呢？就是平常心。有句话说：“人生云水过，平常心自然。”现代人整天为了无休止的欲求，弄得食之无味，坐立不安。这都是失去平常心所致。人生若得如云水，铁树开花遍地春。让我们的心回归自然，去拥抱一颗平常心吧。

5. 顺其自然，万事岂能皆遂心

我们常说随缘，随缘就是顺其自然，顺其自然就是不强求。“人生不如意常十有八九”，人生万事，岂能样样都遂心所愿？人的出身不同、经历不同，成败境遇自然千差万别。许多事都不是人力所能控制的。与其强求改变，倒不如一切顺其自然，坦然面对现实。

没有选择的选择，便是顺其自然的选择。人生中有许多东西，比如：出身、性别、身材、容貌等等，都是我们无法选择的，也是无法改变的。对此，我们只能坦然接受。甚至完全让自己适应它，仿佛什么也没有发生一样。

几年前，哈德在一家办公大楼里遇到一个缺了右臂的男人。空荡荡的袖管吸引了哈德的目光，使他不礼貌地盯着这个男人看。但这个男人却对此毫不在意，他大声地同伙伴聊天，笑声爽朗。在走出电梯时，哈德终于忍不住问他："你会因为缺了一只手而烦恼吗？"

"哈！"男人把那只残肢抬起来，在哈德的面前晃了晃："不会的，我根本就没有意识到它，除非我穿针的时候才会想到这件事！"

人难免遇到不如意的事情，如果不管怎么努力，结果都不会有所改变，那么，不如坦然接受它。与其让它折磨我们的心灵，令我们痛苦不堪，还不如抱着顺其自然的心态，平静地接受。

南北朝时期的北魏，有一位名叫罗结的大将军，是个罕见的长寿者，终年 120 岁。在谈到长寿秘诀时，他说："饮食有节，起居有常，作息有时，清心寡欲，少说多做，无臧无虑。"据说，他 107 岁那年，太武帝还任命他为三十六曹兵马大元帅。这时的罗结仍然身强力壮，耳聪目明，思路敏捷，身健精爽。他的养生之道，用四个字即能概括，就是"顺其自然"。

人生在世，穷也好，富也好，得也好，失也好，都不过是人生的一个瞬间、一种状态。比如贫富这种事，根本不会对我们的人生造成过多的影响，你不会因为有钱或没钱就变成另一个自己，你也不会因为失去某份工作就变成另一个人，也不会因为你犯了某个错误就变成另一个人。人只要保持本心不变，那么，人生的那些得失、苦恼，就都不会影响你。淡定的人往往都抱着顺其自然的心境，不为外物所扰，相信人生的每一天都是美好的。对已经拥有的，就要好好珍惜，失去的，也不要勉强挽留；想要得到，就努力去得到它，选择了就不要后悔，对已经失去的，就不要遗憾；忙碌的时候就忙碌，累了就休息。凡事不必在意，更不必强求，随缘自在，人生自然快意豁达！

6. 做回自己，演绎本色人生

在这个世界上，每个人都是独一无二的。我们不必按照别人的标准去决定自己该做什么，不该做什么。或者因外在的评价和压力而使自己的情绪受到干扰，意志被动摇。一个有主见的人，知道哪个是真正的自己，哪个自己是真正幸福的，一旦看清了自己，就没有任何人、任何事可以影响到我们。

从前，一个人在一家饭馆用餐。这时，一个和尚也走进饭馆，坐在他的对面。而且他们两个都点了同样的一碗面。待小二端上面条之后，这个人发现，两碗面的量有些不一样，一碗少点，一碗多点。这个人赶了一天的路，非常饥饿，很想选那碗多的，但出于礼貌，他还是把面多的那一碗推到和尚面前。和尚也不谦让，端起碗一会儿就吃了个精光。

这个人一看，气不打一处来。心想，我把面多的一碗让给你了，你连声“谢谢”都不说。但他还是忍住气，客气地问：“大师吃饱了吗？要是没有吃饱，就把这碗也吃了吧。”和尚说了声“谢谢”，三下五除二，就把这一碗也吃光了。

这个人心想，让你吃你就吃啊。但出于礼貌，他仍然忍着气说道：“大师这回吃饱了吗？”

和尚拍拍肚子，说，吃饱了。

“你吃饱了，可是我却饿着呀。”

“哦？施主既然很饿，为什么不吃面呢？”

此人哭笑不得，心想，我的面不是都被你给吃了吗？还明知故问。

和尚似乎知道他在想什么，笑着问：“你既然饿着，为什么还要把面推让给我？”

“我……”此人一时不知该如何回答。

和尚看着他笑笑说：“你一定不明白，为什么我没有像你一样客套。这是因为，这非出于我的本愿。刚才，你推让多的一碗给我，而我原本就是想吃多的一碗的，如果推回给你，非我本愿。后来，你又将少的一碗给我，我本来就没有吃饱，所以我也没有推辞。而你两次的谦让，是出于你的本心吗？”

此人顿时大悟，谢过高僧的教诲。

谦让似乎没有错，但那个人的谦让不但并非出于本心，而且谦让过头。不要以为你做出违背本意的决定，别人就会感谢你，因为人家还以为你是心甘情愿的。

在一个美丽的花园里，長满了各种各样的树木和花草，苹果树、梧桐树、橡树、玫瑰花、栀子花，每一棵树都充满了生机和活力，每一朵花都娇艳欲滴，竞相开放。可是，在很长一段时间里，有一棵小橡树总是愁容满面。可怜的小橡树一直被一个问题困扰着，它不知道自己是谁。苹果树认为它应该成为一棵苹果树，而玫瑰认为，做一棵玫瑰花显然更幸福。不过，小橡树悲哀地发现，自己既结不出苹果，也不开出玫瑰花。

一天，园中飞来了一只美丽的小鸟。看到可爱的小橡树闷闷不乐，便飞上橡树为它唱歌。

“人家这么伤心，你还有心情唱歌！”

“你为什么不高兴呢?”

“因为我既做不了苹果树，也成不了玫瑰花。我是一棵没有用的树。”

“你是小橡树呀！你永远不可能成为苹果树，更不可能成为玫瑰花。你只有做回真正的橡树，才会真的开心起来。记住，你是一棵橡树。”

小橡树茅塞顿开：从此，它安心地做一棵橡树，每天都开心地成长，长得又高又直。

印度大师奥修说过：“玫瑰就是玫瑰，莲花就是莲花，只要去看，不要比较。”的确，别人的优异和出色，固然可以为我们所借鉴，但自己就是自己，一定要保持自己的本色。

我们常常在意自己在别人的眼里究竟是一个什么样的形象，为了给他人留下一个比较好的印象，我们总是揣测别人对自己的看法，尽量让自己符合别人喜欢的形象。其实，一个人是否实现自我并不在于自己比他人优秀多少，而在于他在精神上能否得到幸福和满足。所以，淡定的人，永远不会在乎别人怎样评价自己，是得是失，是痴是愚，是成是败，这些都不能成为干扰我们幸福的因素。赢又如何，输又如何，我只做我自己，过我自己的日子。我的幸福与任何人无关，只与我自己的心有关。

7. 当你开始为自己而欣喜时，你就开悟了

奥修曾说过，当你开始为自己而欣喜时，你就开悟了。你是玫瑰自然就开出玫瑰花，纵使全世界都谴责或赞赏都无所谓。这便是灵魂的自由和高贵。走过岁月，我们要为自己找一个享受生命的舞台，我们在意的是自己的灵魂是否自由快乐，人生的价值是否足够，而非世俗如何看待自己。

哈里·杜鲁门当选美国总统之后，有记者来拜访他的母亲。一进门，记者首先就称赞道："有哈里这样的儿子，您肯定感到十分自豪。"

"是的。"杜鲁门的母说："不过，我还有一个儿子，也一样使我感到自豪。"

“他是做什么的呢，他在哪里，我们能见见他吗？”客人问。

“他正在地里挖土豆。”

这位母亲要告诉世人的是，总统和农夫，在本质上没有任何区别，不过都是为人类服务的一种工作罢了。让她骄傲的不是自己的儿子当上了总统，而是，每个儿子都按照自己的心愿在做着有意义的工作。所以，每个儿子都是值得骄傲的。

淡定的人从来不在乎别人的眼光。陶渊明放弃官位而做起农夫，而世人常常为了所谓的荣华而汲汲于名利，又有几个人在得到名利后是真正开心的？又有几个是不在名利场中沉沉浮浮却能善始善终的呢？然而，许多人宁愿在其中受苦，也不愿意逃离。其实，他们并非不知道解脱的方法，但他们更在乎世俗的眼光，更在意别人的成败论调，而难以自由进退。

桑普斯夫人曾有过两次失败的婚姻，第一任老公是个酒鬼，还有婚外情。但桑普斯夫人很快就从这段不幸的婚姻中走了出来。离婚后，她积极拓展社交面，很快，她再婚了，婚后，她跟随经商的丈夫到了英国。没想到，一次偶然的机会，她邂逅了37岁的英国王储爱德华。两人都不约而同地深爱上了对方。她比他年长，有过婚史，而且出身平民，而他，出身高贵，英国人怎么可能接受这样的女人做自己国家的皇后呢？但这对恋人却不顾世俗的哗然，执意要在一起。1936年，爱德华继承王位之后，便决定娶桑普斯夫人为妻。

但是，这一决定遭到了英国政府、英国国教，以及海外领地政府的强烈反对。

这时，令世人更加瞠目结舌的一幕出现了。这个刚刚坐上王位没几天的男人，毅然放弃了国王的宝座，牵起这个比自己老、又不漂亮的女人，步入婚礼的殿堂。他弟弟继位，称“乔治六世”，赐予爱德华“温莎公爵”的称号，又赐予桑普斯“温莎夫人”的称号。

温莎公爵曾对妻子，也对世人留下了一句话，那就是：如果再让我选择一遍，我还选择你。

使在恋爱自由的今天，我们的爱情里也难免掺杂着世俗的需要，有几人能不在乎彼此的年龄、出身，只在乎心中真挚的感受呢？爱就是爱，不爱就是不爱。一切遵从内心之所愿，不委屈，更不攀附，不因世俗的眼光而发生丝毫改变。有多少人，背负着名存实亡的婚姻，勉强度日，只不过想给儿女一个交代，给别人一个错觉。爱情和婚姻是如此，工作和事业又何尝不是如此。曾有报道说某市一位大学生因为主动选择当擦鞋匠而被亲朋好友所嘲笑。其实，只有内心真正了解自己的人，才会知道自己需要什么，不需要什么，他们绝不做出幸福的样子给别人看。

人的一生是短暂的，尽一切可能去实现自己的梦想吧！做自己喜欢做的事，爱自己想爱的人。